U0167166

赵敏、窦婷姗 著

中国当代民宿艺术与设计

Contemporary B&B Hotels in China

Art and Design

图书在版编目（CIP）数据

中国当代民宿：艺术与设计 / 赵敏、窦婷姗著 .—沈阳：辽宁科学技术出版社，2022.9
ISBN 978-7-5591-2464-7

Ⅰ．①中… Ⅱ．①赵…②窦… Ⅲ．①旅馆－建筑设计－作品集－中国－现代 Ⅳ．① TU247.4

中国版本图书馆 CIP 数据核字（2022）第 063297 号

出版发行：辽宁科学技术出版社
（地址：沈阳市和平区十一纬路 25 号 邮编：110003）
印 刷 者：凸版艺彩（东莞）印刷有限公司
经 销 者：各地新华书店
幅面尺寸：185mm×250mm
印 张：20.5
字 数：350 千字
出版时间：2022 年 9 月第 1 版
印刷时间：2022 年 9 月第 1 次印刷
责任编辑：杜丙旭
封面设计：周 洁
版式设计：周 洁
责任校对：韩欣桐

书 号：ISBN 978-7-5591-2464-7
定 价：198.00 元

联系电话：024-23284360
邮购热线：024-23284502
http://www.lnkj.com.cn

赵敏、窦婷姗　著

中国当代民宿艺术与设计

Contemporary B&B Hotels in China

Art and Design

辽宁科学技术出版社
·沈阳·

目录

第三章

第四章

第五章

后记

参考文献

序言一 关于中国民宿的那些事

这几年，开民宿成为年轻人中的一股潮流。那些奔赴远方回归慢生活的民宿创办者，他们恬静不羁的生活和创意创业的传奇故事，在朋友圈里广为流传，羡煞了一众日复一日按照“996”规律作息的上班族。人们在朋友圈里晒出的各种旅行照，从天南地北的“到此一游”，变成了在“网红”民宿中的打卡。这种行为，似乎和有品位、有格调、爱自由、会生活的人设建立了环环紧扣的关系，是那些个人生活里面“诗和远方”的展现。

一、民宿是什么？

按照最初的定义，民宿应该是指居民家庭中可以提供借住的房间。也就是说，它是利用自家住宅中闲置的房间，结合当地人文、景观、生态、环境等资源及各类有参与感、体验感的生产活动，以家庭副业的方式经营，为旅客提供另类体验生活的住宿场所。这一定义完全诠释了民宿有别于旅馆或饭店的特质。民宿与传统饭店和旅馆最大的不同是，它也许没有高级奢华的配套设施，却有个性化的服务，能让人体验当地风情，感受民宿主人的热情与服务，融入有别于以往的生活，因此蔚为流行。民宿的流行风潮，发自一片原生的住家环境，却创造出另一片欣欣向荣的景象，改写和丰富了中国旅游业的形态（图1）。

图1 北欧民宿（图片来源：《北欧私宅色彩的故事》）

谈及“民宿”这个词，可能最早是出自日本

的“Minshuku”。从广义的角度来讲，民宿的内容涵盖甚广，除了我们常见的饭店以及旅馆之外，其他可以为旅客提供住宿的地方，例如民宅、休闲中心、农庄、农舍、牧场等，都可以归纳成民宿。而民宿的产生是多点推进的，它并不只是偶发在日本或中国，在世界各地都可看到类似性质的服务。“民宿”这个词，在各地区会因环境与文化生活的不同而略有差异。在欧盟各国多见于农庄式民宿(Accommodation in the Farm)，也就是说，一般欧洲民宿能够提供农庄式的田园生活环境；加拿大则是假日农庄(Vacation Farm)的模式，供人们到郊外度假，体验农庄生活；美国更多见的是居家式民宿(Homestay)或青年旅舍(Hostel)——多为布置比较简单的居家住宿环境，价格相对饭店更有竞争力；英国则惯称 Bed and Breakfast(B&B)，按字面解释，意思是提供床铺和早餐的地方，索费视星级而定，当然，价格会比一般旅馆便宜许多。可见，在“民宿”这个称谓出现之前，各种民宿的形式由来已久（图 2）。

图 2 国外民宿(图片来源:《北欧私宅色彩的故事》)

二、民宿从哪里来?

据考证，现代意义上的民宿起源于英国。20 世纪 60 年代初期，在英国西

图 3 英国早期民宿 B&B（绘制：姚亚楠）

南部和中部的农村，为了增加收入，农民们采取了家庭式招待经营方式——B&B，这就是世界上最早的民宿了（图 3）。

中国民宿最早见于台湾省。1981 年，为解决垦丁公园周边假日大饭店的旅馆客房供应不足的问题，周边有些居民把自家空屋拿出来招揽游客。它虽然只是一种简单的住宿形态，没有导览和餐饮服务，但也为旅游住宿带来了一种新的可能，算是国内民宿的雏形了。

谈起中国的民宿，就不能不提及莫干山，它是中国民宿建设的起爆点。话说 2006 年，杭州人夏雨清为接待外国友人，偶然之间想起自家在莫干山租了一座 1930 年代的老房子，改造开办了"颐园"（图 4），为友人提供客房，成就了莫干山第一间"度假居所"。紧随其后，法国人司徒夫修建了"法国山居"，南非人高天成修建了"裸心乡"，媒体在报道这批"洋家乐"时第一次引入了"民宿"一词。又过了几年，莫干山意外地被《纽约时报》旅游版评选为全球最值得去的 45 个地方之一，从此在国内旅游界声名鹊起，也提振了作为当地旅游业支柱的民宿经济。到了 2012 年以后，中国旅游度假更加迅速地火爆起来，大众出行由商务出行转向个人旅游，"民宿"发展自然而然地走到了风口。

最近 10 年，中国大力推进和帮扶农村贫困地区发展，在国家乡村振兴政策的引领下，以浙江省为领军的精品民宿休闲旅游，在各地如雨后春笋般涌现。

图 4 莫干山最早的民宿"颐园"（绘制：姚亚楠）

特别是在2020年新冠疫情暴发之后，各国之间一度限制人员往来，国际旅行受限，大量的出境游订单直接转化为国内特色游、小众游，引发民宿需求的爆发式增长。不少民宿依托旅游景点、自然风光、城市文化、农庄生活和特色运动体验形成了家庭旅馆、客栈、农家乐、青年旅舍、乡村别墅、酒店式公寓等多种形式。

虽然从日本民宿那里，中国民宿学习取得了诸多经验，比如精致的布局、贴心的服务……但民宿服务的根源终归还是要遵循中国人的居住习惯进行设计和规划。因此，我们在了解人们对民宿的需求时，还要首先了解一下中国居住文化的特点。

三、中国民宿里的东方智慧

民宿，是人们在旅行途中的居所，其形式介于现代酒店和传统民居之间。但是，中国民宿的内在文化深深受到中国传统居住文化的影响是不争的事实。若要深刻理解民宿文化，就必然要对历史悠远的中国居住文化进行深入剖析——研究它背后东方智慧的力量。

（一）“天人合一”的世界观

“天人合一”的思想源于远古时代，人们因为“靠天吃饭”而产生对大自然的依赖，在中国古代各家学说中均有反映。在古人的眼中，世事变化如浮云，山、水、天、地却是相对恒定的自然物。古人常常把自己的情感、寻找与感知寄托于山水自然。为了得到神明的庇佑，古代的住宅塑造了一方物质的世界，也建构起对恒久不变的精神世界的追求。

中国民居在形式上看似相同，但实际上每一座建筑都因建造条件而各不相同。无论精巧还是宏大，它们都处在不断的变化之中，演绎着“天道的轮回”。这个变化的过程不仅是对循环往复的人类生命周期的回应，同时也满足了家庭中时常出现的特殊需求（图5）：儿子婚后，新搬入的儿媳促成了一个新的家庭单元；女儿的婚姻则使其外嫁离开父母，原来的房间被空置，曾经的家庭关

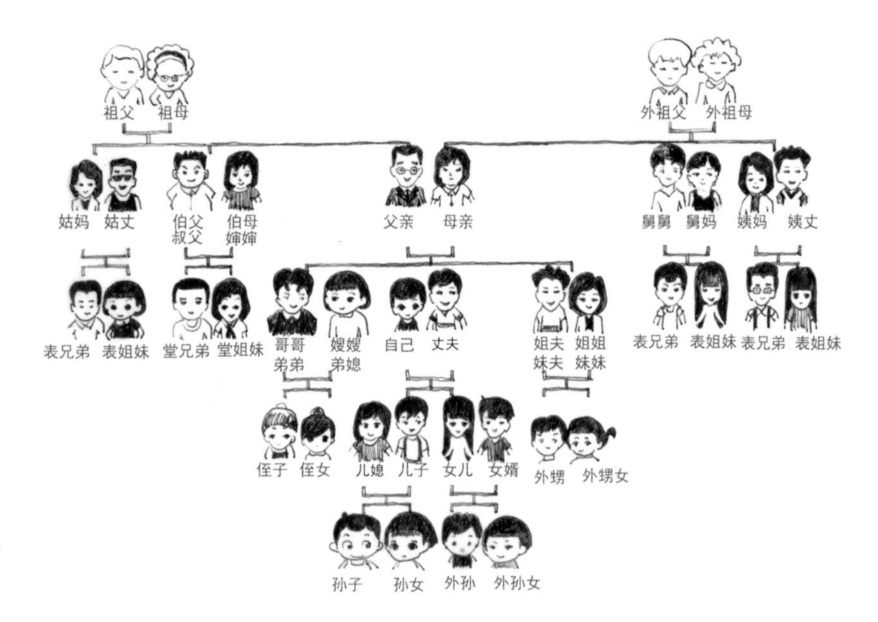

图5 中国家族关系及人丁变化示意图（绘制：赵敏）

系也逐渐疏离；在新的家庭成员出生的同时，老的家庭成员会死去，促成了家族血脉的延续；有时亲戚朋友会来此长期借住；有时宅内的房间因家庭需要租借给他人……院落或者房间相通的门有时会因家庭成员结构的变化而封闭或者开启，礼仪空间常常会因重要的节日或婚丧嫁娶而重新布置和装饰。

在周而复始的变化中，中国人在思想上接受了那些生活中的必然变化与规律，并将其看作天意。“天人合一”的观念是强调人与天合，做事要符合天道，敬畏自然。道家的“天人合一”思想对居住文化的影响是极其深远的，它主要体现在“师法自然”“顺其自然”与“回归自然”三方面对自然法则的适应性。

1.“师法自然”

明代中叶后，民居与园林在文化发达商业繁荣的城市逐渐兴起。“师法自然”，是中式园林建造设计中最重要的依据——即在自然元素中提炼和汲取，在有限的空间里创造出无限的天地，构筑中式园林独特的审美文化（图6）。

我们中国人自古就欣赏四季的不同，利用四季的变化经营生活中的乐趣。春季有桃花，夏季有莲花，秋季有菊花，冬季有梅花，在各个季节的宅院内或屋前，会想办法种植些花木。无论什么情况，我们都不愿把自然的严酷看作一种暴力性的存在，而是试图安抚自然，与之和谐共生。我们时常会将居所之

图 6 苏州园林——沧浪亭（绘制：姚亚楠）

图 7 安徽宏村古村（绘制：姚亚楠）

间的空地装点成为庭园。或者在江南大户人家那里更讲究一点，将祖国的山川大河用隐喻的手法微缩建造在自家的院里，并赋予那些亭台楼阁以诗情画意。甚至在严寒的冬天，在一些院落里种植“岁寒三友”——“松”“竹”经冬不凋，“梅”则迎寒开花。这就是中式园林不断向自然学习的方式，力求让每一处园林的景色，既能撑起一片美景，又有内在深刻的寓意。

2.“顺其自然”

“顺其自然”的房子隐藏于田野间的古村落中。中国古代的村庄在构建之初并无整体规划，它们结合自然环境，自由生长，逐渐集聚，在时间的长河里繁衍或消融，最终与自然融为一体，与天地和谐共生（图7）。

中国有辽阔的领土，丰富多样的气候，以及56个不同的民族，让中国居住文化变得多样，中国居住文化的数量，甚至可以与欧洲各国的总和相比。比如中国民居中多见长方形宅舍，此外还有以长方形居所为母题组成的——北京地区等级森严的四合院、西北地区华丽精致的商人宅第、南部地区的多重寨堡、草原少数民族的移动式帐篷、热带雨林地区的干栏式民居，以及沿海地区各种形式的船屋……所有各种居住文化的存在，均是对自然的顺应，让阳光、降水、季风等各种自然条件可以被人们有效地利用，趋利避害。

3.“回归自然”

“回归自然”原是道家隐士们的一种避世行为。经过漫长的历史演变，隐士们在与世无争的郊外过着男耕女织、粗茶淡饭的简单日子，正逐渐成为一种人们向往的自由而安逸的生活。现在，大家喜欢在风景区找个第二居所或在山林间的民宿住上两晚，都是这种“隐居”思想的延续。

从魏晋时期陶渊明写《桃花源记》（图8）开始，在中国文人骚客中就存在着一种厌世观念：人生极尽荣华，都不如舍弃广厦、家族与虚名，在山间结庐而居，静静地等候死亡。“隐居”这个词远比英语里的“hermitage”听起来更甜美，发散着平静祥和的气息。在堪称全中国最忙碌、生活节奏最快的“北上广深”四大一线城市的周边，有一些人会忙里偷闲，去郊外找一间平凡简陋的小屋或民宿，周末开车两小时到那里，不做任何工作，甚至不上网、不接电话，把时间留给家人，留给自己。看看书、画几幅画、听听音乐，平静地度过一天。

图 8 《桃花源记》意境图（绘制：赵敏）

在假日里过上两天“回归自然”的日子，是一个让人愉快的惊喜，放空自己，可以在内心里感觉到生活的美好。

（二）辩证主义的世界观

老子在《道德经》中写到“凿户牖以为室，当其无，有室之用”，意思是，建造房屋，必须在墙上留出空洞装门窗，人才能出入，空气才能流通，房屋才能居住。所以，“有”使万物存在，“无”使“有”发挥作用。这是中国古今建造者们都十分认可的一句话，它表达了“有无相生”的建筑空间哲理，让人回味无穷。

辩证主义作为一种哲学理论，总是善于将事物的两个对立面进行比较，抓关键，找重点，洞察事物的发展规律。中国儒家哲理强调的核心理念就是“中庸之道”，即不会倾向于任何两个对立的极端之一，而是强调“适度”，在对立之间的某个地方选取最适当的地点、时机或者方式。因而，中国居住文化的魅力常常体现在“阴与阳”“虚与实”“藏与露”“小与大”“时间与空间”这些建筑境界的适度取舍之中。

1.“阴与阳”

在中国传统思想中，“阴与阳”代表着世界上最基本的对立关系。阴阳观念最初始的理论认为：凹者为阴，凸者为阳。阴阳不同属性的现象很早就在建筑中运用。

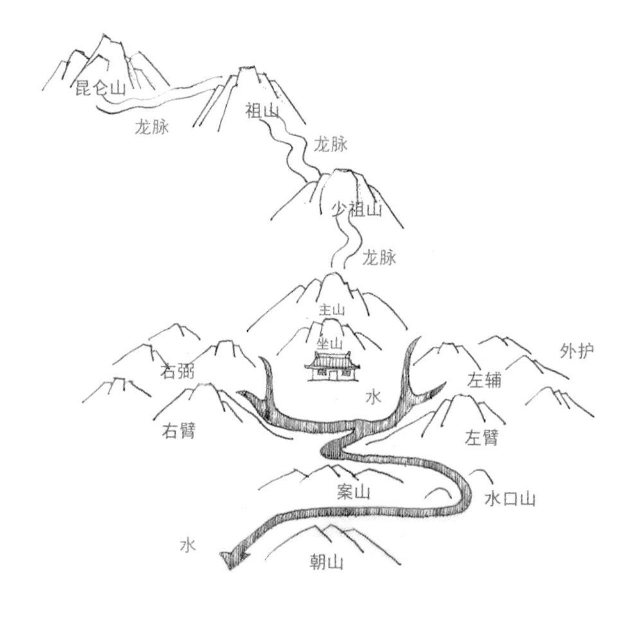

古代建筑学家在民居的选址过程中以“负阴抱阳”为最佳。在房屋选址时一般背面应有主峰龙脉山，左右有乳峰……前面有月牙形的水池或者弯曲的水流，水的对面还有对景的案山、轴线……应坐北朝南。建筑选址正好处于山水环抱的中央。对于每一户人家来说，宅基地不仅应“负阴抱阳”，还须坐北朝南——北面是阴面，南面是阳面。“屋合太阳星”为吉，坐北朝南则采光通风俱佳；形式上后山要直立，如果后山的形态倾斜不正，则不宜居（图9）。

图9 风水学选址示意图（绘制：赵敏）

那么，为什么中国建筑要采用木结构，而不是砖石结构呢？这也与中国人的“阴阳平衡”理论有关。道家把建筑看成“金、木、水、火、土”五行要素中的“木”：“木”出于土地，入于阳光，承天之雨露，向阳而生。承地之养育，入阴而生，为阴阳结合的产物。生生不息，乃自然生命力旺盛的象征。因此，将木材作为主要的建筑材料，既有其合理性，也是中国哲学理性选择的必然结果。

2.“虚与实”

“虚与实”不仅是一种对比关系，还是中国传统美学中的重要理论，对意境、气韵、黑白、繁简、疏密、开合、显隐等艺术创作方法具有指导性意义。

我们常常把那些能够看得见，有实实在在效果的东西称作“实”；而另一些需要在实物基础上想象的东西，不容易被看见，或不会马上见效的，则称为“虚”。居住文化，原本就是一个在完成之前只存在于印象之中的东西。无论是民居的主人，还是建造者，都是在虚空的世界中探求着“实”的存在。在真实与虚构的微妙之间，只有那些看不清说不明的“虚”的东西，内在的气质，才能成为真正的艺术。每一座民居，都有附着在外形上的内涵意义。研究中国民居的人，如果仅将他们的注意力放在建筑的实体上，而非空间或者建筑各部分之间那种看似无形的关系上，那他们就无法掌握中国居住文化的核心。

3.“藏与露”

中国古代文人中盛行“隐世”文化，讲求大隐于朝，中隐于市，小隐于野。顾名思义，一般有能力的人希望依赖周围的环境忘却世事，沉湎于世外桃源，这是指小隐；真正有能力的人却隐匿在市井之中，那里是藏龙卧虎之地，这是指中隐；只有顶尖的人才会隐身于朝野之中，他们虽处于喧闹的时政，却能大智若愚，淡然处之，这才是真正的隐者。在中国明末清初时期，有很多辞官隐退的有识之士，在南方修建了自家的园林，想把没有展露的情怀和抱负都倾诉于山水，以园林景观的形式来抒发自己的才情。在中国古典园林中，往往不会一进门就将院子里的情况一览无余，而是会选择曲径通幽，主人在自家院落表现手法上的“藏与露”，串联起整个园林中的各个节点，全面谋局，抒发才情又想忘却世事，沉湎于家中，又心性怡然。

“藏与露”常被用来表达中国传统文化的含蓄之美。在居住建筑中，“藏与露”既有艺术性，也有实用性，主要表现为以下五种方式（图 10）。

A. 保护隐私。如四合院中的影壁墙与转折动线。

B. 曲径通幽。创造丰富的空间层次，渐入佳境。

C. 画框取景。限制视线范围，有针对性地框景、借景、对景。

D. 心理暗示。半藏半露，指引吸引或使人遐思，体现神秘美、朦胧美或如“一枝红杏”的性感美。

E. 遮蔽不利环境等。

图 10 四合院入口处的影壁墙对内部空间的视觉遮挡（绘制：姚亚楠）

图 11 苏州网师园“彩霞池”（绘制：赵敏）

4.“小与大”

中国素有“小中见大”的文化。民居中的园林常常用假山和池水营造自然界瑰丽雄伟的景色，用隐喻、微缩象征等方式将祖国大好山河汇集于一园。明末造园家计成说，“多方胜境，咫尺山林。”更有像勺园、个园、半园这些名园直接以园名明其趣。

“山水”是中国艺术文化中的一大特色，六朝以来，“山水”表现于诗文，更兴盛于绘画，最为突出的载体则是民居中的园林。山景营造相比之下更为困难，也更有表现力，常常作为园林的主景。园林里的微缩山体，也被称作“假山”，以土山、石山二者混搭为主，叠石成景，再培土栽种绿植，增添生机。水池常作为组织园林景观的手段，大者如湖州小莲庄“挂瓢池”浩渺辽阔，小者如苏州网师园“彩霞池”成为景致的核心。最富意趣的曲水营造则是与假山结合而成“水随山转，山因水活”之境。造园中的山水结合之法最能引发人对天然境界的感受，且极具深远的画意（图 11）。

5.“时间与空间”

古人总是习惯于将建筑与环境看作自己创造并赖以生存的“宇宙”。“宇宙”即“时空”的观念，从农耕时代便有。中国人的宇宙观念原本与庐舍有

关。“宇”是指屋宇，“宙”是指在往来。在古代百姓的农舍就是他们的世界。他们从屋宇中得到朴素的空间概念；从日出而作、日落而息得到时间观念（图12）。

图12 中国古人关于“宇宙”的观念——半坡木骨泥墙农舍（绘制：赵敏）

在中国传统民居文化中对时间和空间的组织是一体的，从四维全息的角度来表现生活场景。它主要体现在两个方面。

一是运用空间组织与串联的手法，或曲径通幽、引人入胜，或先抑后扬、豁然开朗，利用不同空间体验形成独特的审美感受；二是运用“步移景异”的手法，采用游廊、亭台等景观节点引导动线，动可游，静可赏，形成连续又有不同景观节点的时空画卷感。

（三）追求意境的审美观

居住文化的意境，是将主观上的“意”和客观上的“境”辩证统一。“意”是情与理的统一，“境”是形与神的统一。在此过程中，“意”与“境”又相互交融，从而形成一种全新的审美体验。

意境，秉承古人“天人合一”的思想，结合老庄哲学与佛家境界，是诗词、音乐、园林等艺术审美的最高境界，也是中国乃至东方传统美学的核心范畴。居住建筑是一个复杂的历史与文化的载体。虽然民居中意境的表现形式没有诗词书画这类单纯的艺术形式来得直接，但民居中意境的内容更为丰富、深邃和令人感怀。

在中国居住文化里，若谈及意境，往往会说起中国园林的意境。因为情景交融需要“景”，除了室内外环境气氛的塑造，建筑本身也是“境”的传播者。当站在居庸关长城之上感受那“一夫当关万夫莫开”的磅礴气势，当身处山中的古村落体会其“天人合一”与人文岁月，又何尝不是意境呢？！

（四）重视环境规划

现代设计中的环境规划，在中国传统居住文化中主要对应的就是“风水学”的相关理论。有人信有人不信，但无可否认的是，在中华民族漫长的居住文明史上，风水理论具有举足轻重的地位，可说是古代筑城盖房选址的权威性专业知识。

抛开前人的一些认知局限，如今我们普遍认为：风水学是一门涵盖地理学、地质学、星象学、气象学、建筑学、景观学、生态学、心理学以及生命科学等诸多学科的、综合性的自然科学。每一座民居都是对各种环境条件的响应。“风水”，即天地之道，是古人勘探居住用地情况之术。也可以理解为，研究居住环境，协调自然、建筑与人三者关系之法。风水学的很多理论源于《周易》，以“天人合一”“阴阳平衡”“五行相生相克”为基本原则，来解释很多居住选址规划的道理。

风水思想虽然有些迷信成分，但其对中国古代历史的贡献也是有目共睹的。像北京（图 13）、西安、南京、洛阳、杭州、苏州、阆中等一众古都古城在建设规划时，风水师们利用“象天法地”“相土尝水”的方法选址，使这些城市在建成后的千百年里，遭受自然灾害的侵袭次数较少，给我们留下珍贵的文化遗产。按照风水观念建成的皖南古村落西递与宏村、平遥古城（图 14）、丽江古城等，也完好保留至今，成为世界文化遗产。

四、多种多样的中国民居

民居一词使用久远。随着城市化水平的提高，如今的民居，不仅指住房本身，也包含了周遭的居住环境。中国疆域辽阔，民族众多，从前因交通条件的制约，

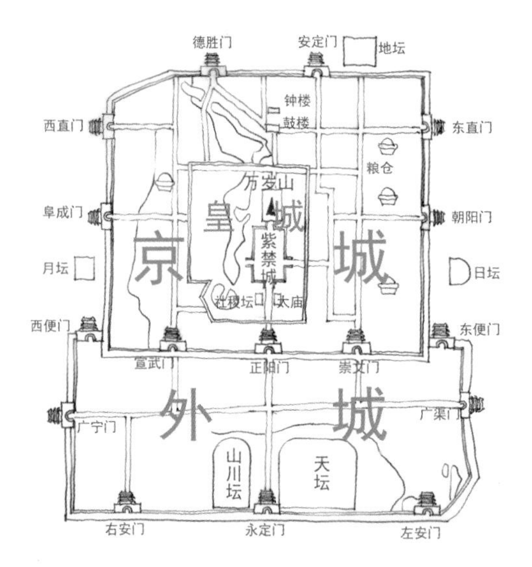

图 13 北京古城地图（绘制：赵敏）

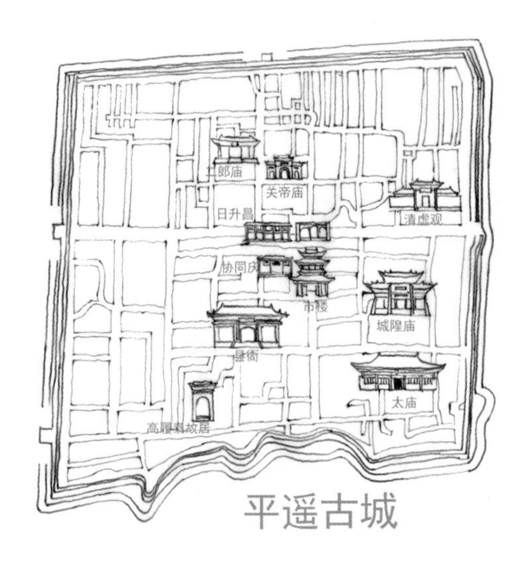

图 14 平遥古城地图（绘制：赵敏）

不同地区的人员和物资交流都很有限。民居的形式常常因区位气候、自然环境、建造材料、生产方式、文化习俗等的不同，在样式和风格上差异较大。

（一）自然环境对中国居住文化的影响

旧时，受交通条件的制约，物资运输及建造经验的交流不畅，由此中国民居便形成了明显的地域差异。其中，气候和地形地貌是影响居住文化的两大主要方面。

1. 居住文化中的气候适应性

气候条件影响民居的采光、通风、避暑、御寒等基本功能。中国地处北半球，跨越了热带、亚热带、暖温带、中温带及寒温带五个气候分区，不同分区的居住建筑呈现不同的气候适应性特征。

中国北方冬季寒冷，南方夏季炎热，东部沿海多雨，西部内陆干燥。聪明智慧的中国古人为不同地区的民居找到了适应不同气候特点的建筑形式。降水量直接影响民居屋顶的坡度和底部台基的高度。南方多雨地区民居屋顶坡度普遍较大，屋基抬高；而华北少雨地区民居屋顶较为平缓，室内外高差较小；西北干旱地区民居屋顶甚至常常做成平顶。

中国处于北半球，为了防暑降温，越往南方，房屋就越开敞；开窗面积越大，越有助于空气流通。北方寒冷，冬季为争取更多的日照，房屋间距做得比较大，庭院宽敞（图 15）。南方炎热，夏季需要防晒遮阳，因此房屋间距比较小，可彼此遮挡阳光。南方有些地区的民居还做双层坡屋顶，利用屋顶之间的空气夹层维持屋顶隔热和通风（图 16）。

东南部沿海地区常受台风暴雨影响，传统民居建筑多低矮，屋顶平缓，屋面不出或少出檐口，穿斗木构厚墙，以抵御台风与暴雨；而寒温带地区的民居

图 15 中国北方——山西乔家大院（绘制：姚亚楠）

图 16 浙江明清古民居（绘制：赵敏）

为适应多雪气候，建筑屋顶坡度极大，以减少屋顶积雪量，减轻屋顶结构承重。

2. 居住文化中的地域共生性

中国国土辽阔，地形地貌多样，特别是在临水和山地地形下的传统民居，在长期的发展中，创造了丰富的、适应地形的各类构筑方式。江南水乡地区的民居多顺水而建，枕河而居，不拘泥朝向，双向开门，以享水陆交通之便，沿河设码头，因河岸线资源紧张，民居开间较小，进深较大（图 17）。山区临河

图 17 乌镇东栅水边民居（绘制：姚亚楠）

地带交通便利，但受地形影响，适合建房的用地紧张，民居建筑常伸入水中，比较典型的如凤凰古城的吊脚楼，节省房屋占地的同时，凌空筑楼还利于建筑通风。而在一些湖区和滨海地区，因居民多以捕鱼为生，民居多建在水上，如广东斗门县水上民居和海南琼海市的疍家水上民居等。

山地建筑是与地形共生的典范。为适应山地地形，民居“借天不借地”“天平地不平”，利用挖填筑台，依山向阳，形成架空、支吊、错层等山地民居的结构。典型山地民居如西南地区的干栏式建筑，经过数千年的演变，形成了竹木梁柱、竹木或夯土墙体、瓦屋顶的楼居结构形式，楼下多置杂物农具或圈养牲畜，楼上住人。重庆地区的吊脚楼、桂北山区的“半面楼”等，采用“支吊法”，以适应陡坡或崖壁等复杂地形（图 18）。

虽然中国传统民居以木构建筑为主流，但对于不同的地区，人们也会灵活地因地制宜、就地取材，利用地方材料建造适应地方环境特点的民居。在林地用木材、树皮建木屋；在岩石山地用石块、石片造石屋；在黄土地用生土筑窑洞、建土坯房（图 19）；在草原上用皮革、毛毡造毡房（图 20），等等。各种建造材料力学性能的不同，是导致房屋形态差异的主要原因。所以说，中国的乡土建筑是从土地里生长出来的，是人们劳动智慧的结晶。

图 18 侗寨依山势而建的吊脚楼（绘制：姚亚楠）

图19 黄土高原窑洞(绘制:姚亚楠)

图20 草原上的毡房(绘制:姚亚楠)

现在交通条件的改善，促进了不同地区之间的交流。随着现代建筑科学的发展，人们使用标准化的建造技术和工业化的建筑材料建房，经济高效。但这些全球化的现代技术带来的问题是，世界各地的许多建筑变得越来越像了，失去了地方特色。

（二）文化环境对中国居住文化的影响

时下，当我们谈论中国居住文化时常常会提及的一个话题就是，东西方文化的比较。亨廷顿先生是个有名的西方学者，也是强硬的西方中心主义者。他在《文化的冲突》一书中写到："20 世纪的世界冲突是经济的原因造成的，而 21 世纪的冲突则是文化的原因。在 21 世纪，中国传统儒家文化将对西方文化构成非常大的威胁。"比如在 2020 年初暴发的全球新冠肺炎疫情下，世界各国在针对卫生事件的基本国家对策上产生了很大分歧——国家之间是合作还是仅为本国利益争抢有限的资源？如何在保障生命安全和加快经济发展中做取舍？……在此类问题上各国采取的解决问题的方式体现了文化的巨大差异。在这件事情上，我看到更多的西方人想从东方文化中汲取营养，挽回西方文化的颓势。中国文化自古崇尚自然，主张人与自然和谐相处。再加上中国是一个有文明加持、在三观上高度统一的国度，中国人不断认识并适应万物生生不息的变化，规范人的集体主义道德意识，这使我们的国家可以不断正视困难，强化凝聚力，突破创新，变危机为转机。

"风水学"来自五千年中国文明对建造人居环境的心得实践和敬畏之情。这种东方智慧反映到中国居住文化上，就是人对自然和对环境的态度，以及在此基础上创造的一整套家族生活秩序的空间。过去建造民居受"风水"观念的影响很深，无论家宅的选址、朝向，建房各道工序的时间，还是房屋开间与进深的大小，构件的尺寸，都要符合某些风水上的规定，以达到趋吉避祸的目的（图 21）。

风水术以"气"为万物之源，认为世界是从无（未见气）到有（气之始）。气是本源，它分化出阴阳（两仪），再分出金、木、水、火、土五种物质（五行）。物质的盛衰消长都有不可改变的规律（有度而不渝），即有了祸福（吉凶悔吝），祸福都是可以预测的。中国传统民居的院落布局大多强调中轴对称，主次分明，

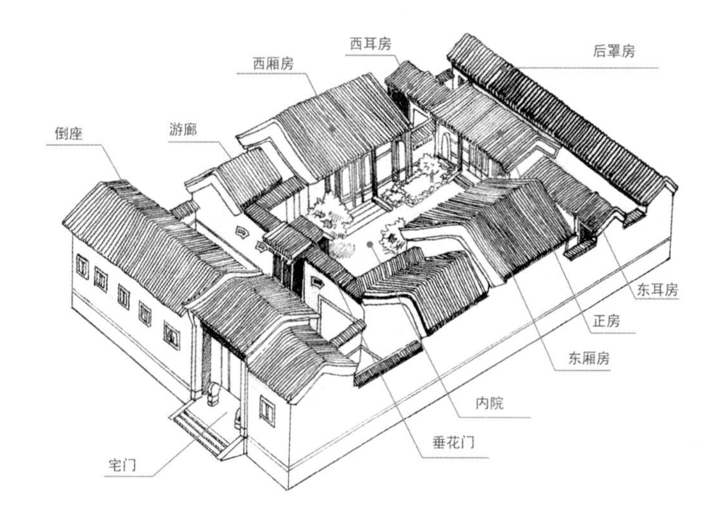

图 21 中式传统四合院（绘制：姚亚楠）

体现了中国人追求均衡稳定的美学观念。

中国传统居住文化深受封建等级制度的影响。《明史 · 舆服志》中记载了政府对各级府邸宅院的大小用度所做的规定，从宫室、亲王、郡主、公主、百官的府邸到庶民的庐舍，可做几间几架，采用何种装饰，条条分明，不得僭越。如洪武二十六年（1393 年）规定庶民房屋不能超过三间五架，不许用斗拱，不能用彩色装饰。洪武三十五年（1402 年）重申禁令，就算屋主家的人口多，钱足够，房屋也不许超过三间。天子脚下的北京民居一直严格遵守这些规定，而在那些天高皇帝远的地方，住宅的形制和装饰就自由多了。在那里，人们对居住文化中的生存法则比等级制度要更加重视。比如，生活在福建、广东、江西地区的客家人，是在历经多次战乱后从中原迁移而来的汉人与当地土著居民混居杂处、繁衍而来的。作为外来族群，在迁入新环境努力求生的过程中，客家人既要面对野兽的袭击，又要与当地原住民争夺有限的资源，有时还会遭遇凶悍的山匪。怎样才能在这种危机四伏的环境中生存下去呢？客家人选择建立家族强大的精神纽带、共御外敌的生存方式活下去。与此相适应，居住于闽粤等地的客家人，抛弃传统住宅院落长幼尊卑的观念，创造出土楼这种家族性的集合住宅。它们或方或圆，内部几十上百个房间一律大小相等，地位均一，外部防御坚固，巍巍矗立于崇山峻岭间。客家人以一种平等、团结的民居空间组合方式，共同担负起保卫家园的责任（图 22）。

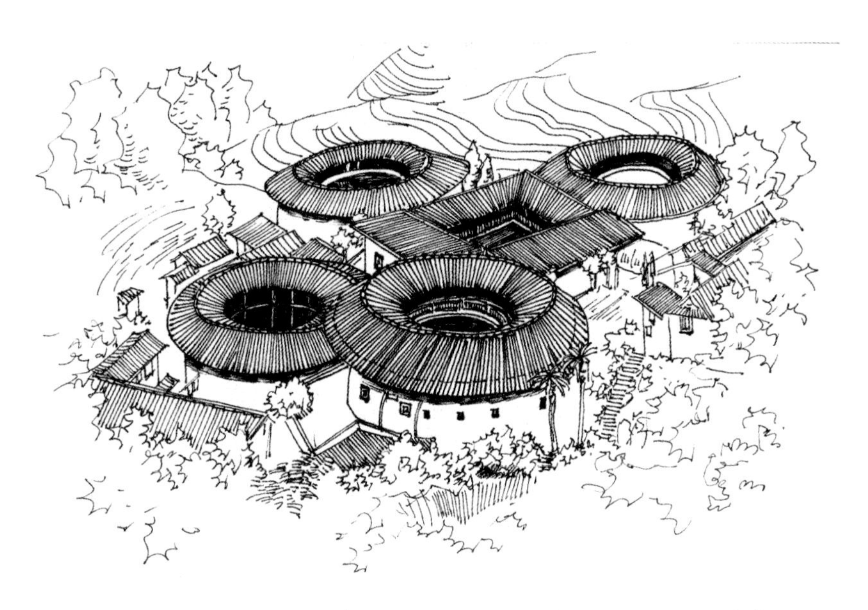

图 22 福建客家土楼
（绘制：姚亚楠）

在少数民族的居住文化中常见很多体现本民族特色的符号：古时曾以牦牛为图腾的藏族，建筑中上窄下宽的梯形窗户象征着牛角和牛脸；苗族的半门造型是对牛崇拜的体现；蒙古包中央置炉火，象征着人们对火的崇拜。

（三）材料与技术对中国居住文化的影响

中国居住文化受不同地域建造材料和建造工艺的影响很大。同是窑洞，使用生土、土坯或砖料建造，窑洞的跨度、深度和耐久度就会有很大的差别。同样是用砖，制砖工艺决定了砖的材料力学性能，也决定了这些砖构建筑在跨度、高度、形态和构造细节上的特性。

在生产力低下的农业社会，就地取材成为一个非常重要的营建措施。由于气候、土壤、植被等因素的影响，天然建筑材料的分布也有地域的差别。石材和木材是许多山区最廉价的建筑材料；在平原和丘陵地区，土是重要的建筑材料；在有些特殊地区，草类、高梁秆等也用作建筑材料。中国民居讲究经济实用，因此大都会就地取材，适应当地气候，与大自然和谐相处。天然材料所特有的纹理质感和色彩，是居住文化非常推崇的审美价值观。虽然民居建筑的平面形式与内部结构有较大差异，但不同的建筑材料，可以使民居建筑呈现出不同的风格特色。

土也是中国民居使用最广泛的建筑材料。在中国居住文化中，将土视为生命的起源。秦汉时期夯土技术已经相当成熟，以土为建筑材料的做法主要有夯土、土坯、窑洞等。在中国东部、中南部、华北平原，以及西部的山西、新疆等地区的乡村，至今仍保留了很多夯土或土坯建造的民居，西藏等高寒地区用黏性强的夯土制作屋顶，以防寒保暖。闽西土楼、浙江大型夯土墙民居、黄土窑洞、西藏土掌房等，都是以土为主要建筑材料的典型传统民居，俗称生土建筑。

石材坚固耐用，是中国传统民居一直沿用的又一种主要建筑材料，典型的石材民居如东南沿海的火山石头房，太行山、鲁南地区、贵州山区的石板房以及川西羌寨等（图 23）。木材是分布最广泛和可再生的建筑材料，民居中大多使用木结构制作屋顶，川湘地区的吊脚楼和黔桂地区的木板房的建筑材料均为木材。此外，胶东地区的海草渔宅、云南的傣族竹楼等，更是就地取材，体现了地域和自然环境的特色。

（四）生产生活方式对中国居住文化的影响

中国居住文化还反映了各族人民的生产方式、生活习俗、宗教信仰及审美观念。经济是文化的基础，中国居住文化在不同地区还要受农耕文化、渔猎文化和畜牧文化的影响。农耕文化地区的民居往往是固定的，民居村落的布局体现了与田地、河流的关系，分布极广，建筑结构严谨，材料多为土、石、木等；渔猎文化地区的民居多由穴居或巢居演变而来，具有一定的流动性，结构较为简易，如鄂伦春族的撮罗子（用桦树搭盖的尖顶棚）民居；畜牧文化地区的民居因长期的游牧生活而具有移动性，如蒙古族的毡房。

图 23 布依族石板房民居
（绘制：姚亚楠）

家庭、宗族和亲属是中国古代氏族文化的核心，并由此产生了复杂的宗法礼仪制度，进而影响传统民居的形态与风格。累世同居导致民居的建筑规模不断变大，并形成院落的形态。氏族成员等级关系影响民居的布局，形成了后为上、左为上、前为下、右为下，轴线为尊、远者为卑的方位等级原则。

堪舆思想因古人对自然的敬畏而产生，图腾崇拜也会影响民居，如汉族常常在民居中装饰的鹤、鹿、蝙蝠、喜鹊、梅、竹、百合、灵芝、万字纹、回纹等图案，以及云南白族的莲花，傣族的大象、孔雀、槟榔树图案等装饰纹样；而民居构词中的房、宫、户等源自古时人们对生殖的崇拜。佛教、道教、伊斯兰教等宗教与传统民居也有直接关系，民居中的佛堂、佛龛受佛教影响；民居选址与布局的风水学说、阴阳五行等则受儒、道教影响；回族等民族地区民居一般设狭长甬道入口、砖雕照壁阻隔，因受伊斯兰教妇女不能抛头露面的习俗影响。

五、艺术民宿会是下一个风口吗？

1999年，美国学者派恩（B. Joseph Pine）和吉尔摩（James H. Gilmore）最先提出了“体验经济”的概念。他们认为，人类社会的经济形态已经经历了产品经济、商品经济、服务经济，在21世纪，人类社会已进入体验经济的时代。在产品经济时代，人们出售大自然的造物，以满足生存的需要。在商品经济时代，工业化、标准化、规模化令物质极大丰富。到了后工业时代，个性化的服务成为商品附加值的焦点，服务业得以繁荣发展。进入互联网时代后，被动的服务已经不能满足人们的需求，人们需要亲自加入产品、商品，以及服务的过程中，希望从中获得体验与记忆。

当我们用手机打开一个可以预订民宿的App（应用软件），无论是爱彼迎（图24）、途家（图25），还是携程，在挑选民宿的时候，除了位置和价格，我们一般会先把那些从图片和文字信息上看不符合个人审美口味的去掉，接着可能我们还会找寻哪些民宿可以满足个人的特定需要，比如发现一些完全新颖的生活情景，或者周边特殊的美食和运动习俗。有时，一边挑选，一边会假想着民宿的生活故事场景，进入它所营造的世界里。所有这些期望，都不再仅仅停留在基础的餐饮住宿服务上。它们是感觉上、情绪上、精神上的体验。它就是艺术民宿。

在人们的眼中，艺术民宿有着丰富的外延和场景。它在情致上更需投入心力，比如要修正真实的市井和乡居生活中那些硬件缺陷带来的不美好，而那些迷人的地方——丰富的文化养分、自然之美和闲适的生活状态，以及和房东之间亲密如友人的关系，则被尽可能地浓缩与放大。

图 24 爱彼迎官网

艺术民宿业不见得就没法和五星级酒店相比。在中国，一些高端艺术民宿的运营和管理已经和非标准精品迷你酒店几无差别。城里人有“乡愁”要去寻觅，乡下人有“城愁”要去实现，这两者如何通过了解对方更好地认知自我，已在很多未经工业化的中国小镇上展开了艺术民宿的尝试。

图 25 途家官网

中国艺术民宿，可以讲述城市的历史，融入乡村的淳朴，感受现代主义的浪漫，追求归隐出世的解脱，体验体育探索运动的乐趣。每一间艺术民宿的夜晚，都是不可复制的时光。它蕴含着一种“新奢侈主义”的理想，就像法国经济学家雅克 · 阿塔利（Jacques Attali）在《21 世纪词典》中所说，“奢侈不再是积累各种物品，而是表现在能够自由支配时间，回避他人、塞车和拥挤上。独处、断绝联系、拔掉插头、回归现实、体验生活、重返自我、返璞归真、自我设计将成为一种奢侈。”

艺术民宿在中国，将成为下一个风口。

赵敏于北京

2022 年 8 月 9 日

序言二 关于中国民宿流行要素的评估分析

民宿行业的繁荣并非巧合。如今，人们对旅行住所的要求早已不像从前，而是要从低质量转向高质量、从标准化转向个性化服务，从物质需求转向精神需求，越来越多的游客在旅途之中选择住民宿而不是住传统酒店。我们使用PESTEL模型从六个方面入手，分析若干影响民宿发展的因素（图1）。

（一）政策因素

在国家旅游局已发布的行业标准《旅游民宿基本要求与评价》中，我国政府已经将民宿视为能够刺激地方经济发展的特定产业，赋予民宿更高的标准和更长远的发展。它基于国家基础的宏观决策，使民宿相关产业能以旅游消费的方式带动经济增长。

图1 中国民宿——北方的院子（来源：《中国建筑设计年鉴2018》）

在 2017 年 8 月国家旅游局发布的《旅游民宿基本要求与评价》(图 2)中强调，民宿经营者必须取得当地政府颁发的合法营业执照，并符合公安机关提出的安全要求。

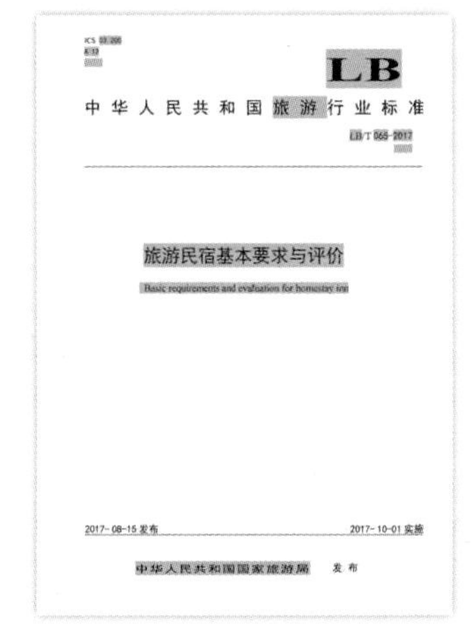
LB

中华人民共和国旅游行业标准

LB/T 065-2017

旅游民宿基本要求与评价

Basic requirements and evaluation for homestay inn

2017-08-15 发布　　2017-10-01 实施

中华人民共和国国家旅游局　发布

图 2 《旅游民宿基本要求与评价》2017 版

图 3 《旅游民宿基本要求与评价》2019 版

2019 年，国家旅游局再次更新了《旅游民宿基本要求与评价》(图 3)，这是国内第二个民宿行业标准。行业标准从民宿的定义、评价原则、基本要求、管理标准、评级标准等方面提出了建议，对中国民宿的发展起到巨大的推动作用。

除了国家政策外，中国还有一半以上的省市地区制定了地方政策，积极发展民宿业。这些地区包括海南、江苏、福建、浙江、上海、安徽、四川、山东、北京、陕西、湖南、广东和江西等省市。

该政策的主要内容包括住房安全、财政补贴、简化流程、评估和管理。明确地说，每个省都提供了 200 万到 1000 万元不等的资金补贴，鼓励人们利用闲置房屋开民宿。政府的补贴将根据民宿提供的床位数量、建筑面积、投资金额和房间数量，发放给那些品质优良的民宿。此外，该政策还提出了民宿相关评级标准和地方相关规定，民宿需要保证所招聘的员工，应持有当地身份证或务工证(搜狐，2020 年)。

除了对相关行业的资金帮助外，我国政府还通过发布官方文件，为民宿行业提供指导和扶持。发展乡村旅游是实施乡村振兴战略的有效途径。乡村旅游可以为当地居民带来就业机会和经济收入，促进农业现代化，改善农村基础设施和生活环境，实现农村振兴。

建立民宿业相关的法律法规是最实质性的帮助，这使更多的企业家愿意依法开办新的民宿；而对现有民宿的补贴政策是鼓励在民宿数量不断增加的情况下，不断提高质量。

（二）经济因素

收入是影响需求的重要因素，这是由于可支配收入决定了人们的购买力和消费能力。2020 年 12 月 1 日，中国人均国内生产总值（GDP）达到 10434 美元，这表明我国经济快速增长，人民生活水平有所提高。当年人均可支配收入 32189 元，比上年名义增长 4.7%，扣除价格因素后实际增长 2.1%（图 4）。

按照各地统计数据，城市居民人均可支配收入 43834 元（比上年增长 3.5%），农村居民人均可支配收入 17131 元（比上年增长 6.9%）（图 5）。

住宿在旅游消费中占很大比重，同时它也综合反映出居民收入的变化。以居民旅游支出占总消费支出的比例作为观察指标，从 2015 年的 19.2% 到 2019 年的 21.9%，随着人们消费能力的提高，旅游消费也和外出住宿消费一起增加了（图 6）。

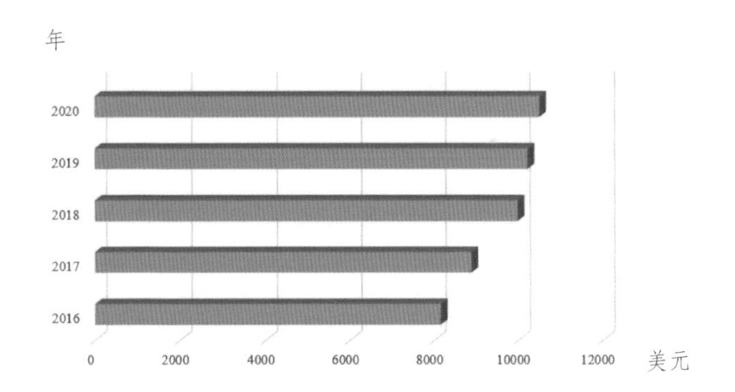

图 4 2016—2020 年中国人均 GDP（美元）
（来源：CEIC 数据）

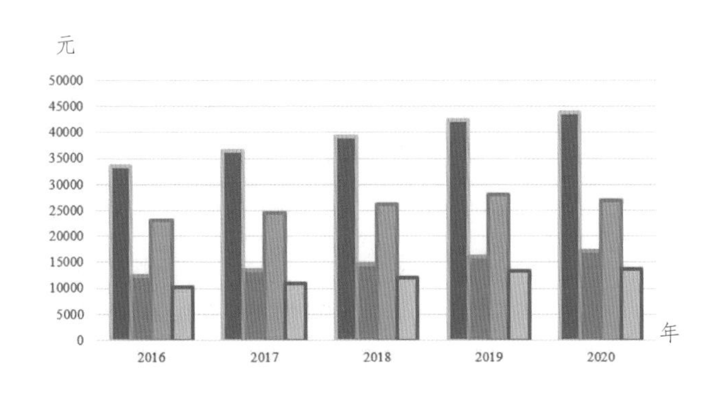

图 5 城乡居民人均收入和消费（元）

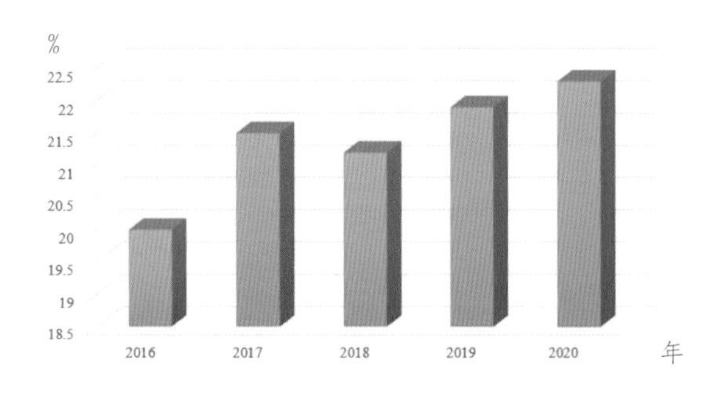

图 6 2016—2020 年中国居民旅游支出与总消费支出的比例

我个人关注到民宿的需求变化。从个人角度看，人们购买力的进一步提高，刺激了消费产业的发展。随着生活水平的提高，人们更愿意增加包括旅游业在内的第三产业的支出，旅游需求也已从低价格向高质量发展。根据初步问卷调查研究的数据，调查参与者在选择民宿时投票最多的前三个重要的因素分别是民宿的清洁程度、位置、设计和装饰风格，然后就是民宿的环境和交通。

（三）社会文化因素

如今，当考虑如何挑选一个民宿时，越来越多的人关注的不仅仅有价格，他们会更关注质量和其他要素。不同的人群有不同的偏好，分析人群的属性可以更好地帮助我们了解如何让民宿满足人们的需求。

民宿的消费者可以通过以下两种方式进行分类。其一，根据消费者相互之间的关系可分为六类——家庭、朋友、夫妻、商务出行、单身顾客和其他。其中，家庭是民宿最重要的消费人群，因为家庭的居住必须考虑满足孩子的各种需求，而民宿和酒店最显著的区别在于它给人一种归属感和回家的感觉。民宿可以为客人设置很多儿童娱乐的项目。家庭在住宿选择方面也有各自的需求，有些家庭认为厨房是住宿的必要设施。这是民宿与酒店相比的一个显著的优势，让孩子们在旅途中体验到家的感觉（图 7、图 8）。

图 7 中国民宿（来源：互联网）

图 8 中国民宿（来源：互联网）

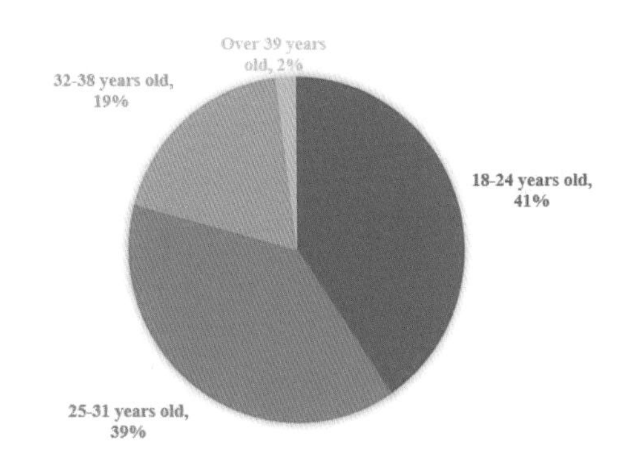

图 9 民宿消费者的年龄分布

其二，根据年龄，民宿的消费者更多可能是年轻人。其中，出生于 1995 年至 2009 年的 Z 世代（Generation Z，又称互联网世代）目前是推动民宿市场发展的主力军。从饼图中我们可以看出，31 岁以下的消费者比例为 79%，这表明年轻人主导了民宿消费市场。对于年轻人来说，风格独特、住宿舒适、环境优美、身临其境的民宿成为影响他们选择的必要条件（图 9）。

（四）技术因素

1.OTAs（在线旅行服务）

OTA 代表在线旅行服务，消费者可以通过它获取相关信息或预订住宿。对于民宿预订，50% 的旅行者会使用专业的民宿预订平台订房，40% 的人会使用综合平台，6% 的人会选择品牌民宿专有的网站，只有 4% 的人使用其他渠道。在线旅行预定提高了游客对手机的接受程度；随着手机应用的快速发展，在线旅行预定变得更加快捷便利（图 10）。

爱彼迎（Airbnb）和途家是中外著名的两个民宿在线预订软件。爱彼迎采用 C2C（用户对用户）模式，为民宿主人和消费者提供在线交流平台，允许用户（民宿主人）在网上发布他们的私人住宅，并为用户（旅行者）提供短期租赁服务，以便他们可以用较少的费用选择更好的民宿。

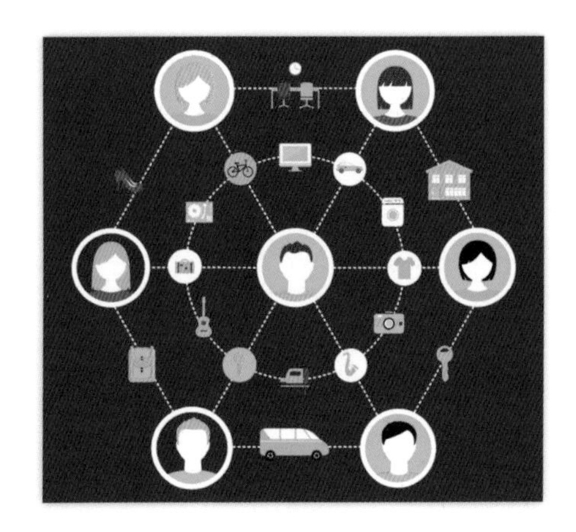

图 10 共享经济催生了新的生活方式（来源：互联网）

途家已经调整了在中国运营的模式，结合当地需求，创建了一个整合型的 O2O（从线上到线下）模式。平台涉及各种服务，还包括线下物业管理。在途家平台上发布的主要是开发商和运营商的空置房产。途家旨在为消费者提供民宿的在线查询和交易服务，让消费者享受高品质的旅行体验。

从行业角度来看，民宿的迅速崛起和互联网的快速发展为民宿的在线营销和在线旅行社创造了有利条件。通过互联网，游客可以在出发前了解各个城市和景点周边的民宿，提前预订房间，安排旅行路线和计划。整个过程就像消费者通过互联网预订机票和酒店一样方便。同时，民宿运营商可以通过网站、微信、微博等方式，利用图片、文字、视频等方式介绍自己的服务，如特色菜、地理位置、民宿周边环境等，使潜在客户能够自行获取大部分信息，从而吸引更多消费者，增加预订量（图 11）。

2. 网络营销

如上所述，Z 世代的年轻人是当今消费的主力军之一。他们相信技术，并习惯于通过互联网分享他们的生活和工作点滴。研究数据显示，71.7% 的人每天使用手机 3 小时以上。他们沉浸在短视频、流媒体直播和社交网络中，平均每天花在视频上的时间为 53.39 分钟（马峰窝，2020）（图 12）。这种现象为民宿的在线营销提供了条件和机会。因此，大多数的民宿通过各种社交媒体平台以图片和视频的形式发布其品牌文化、商业故事和设计理念，例如中国著名的社交软件抖音 (TikTok) 和小红书（RED）。

图 11 爱彼迎手机 App 界面

许多民宿也会选择利用在线营销，结合互联网的营销策略可以扩大民宿的影响力，可以通过发布有关民宿的宣传信息或编写旅游指南来介绍自家民宿的独家特色。运营商还可以建立自己的社交媒体账户，以提高知名度，让公众更

图 12 Z 世代（来源：互联网）

加了解他们。此外，民宿还设有管理和预订系统，以便管理人员能够跟踪客房供应情况，并为消费者提供 24 小时咨询和预订服务。

（五）环境因素

1. 民宿供给侧

根据国家信息中心发布的 2019 年中国共享经济发展年度报告，目前国内民宿业市场的年渗透率（实际需求与潜在需求之比）约为 3%。未来有 6 到 8 倍的增长空间。这一前景使越来越多的企业家看到了民宿的赢利能力，并愿意参与投资民宿市场。据《2020 年度民宿行业研究报告》记载，与 2019 年相比，民宿住房资源总量从 160 万套飙升至 300 万套，其中包括 38 万农村民宿。与此同时，从 2018 年到 2020 年，在线民宿房东的数量也有所增加，从大约 325000 人增加到 458000 人。根据 2020 年房东的受教育程度和年龄分布数据，拥有大学学历或以上的房东比例超过 80%，其中 69% 的房东年龄在 31 岁以下。可见，大多数民宿房东都是受过高等教育的年轻人。年轻企业家往往更能适应市场变化，有助于提高民宿的质量。

从供应方面来看，民宿型酒店作为一种不同于传统酒店的住宿模式——一方面，民宿文化基于当地特色，使消费者能够更好地融入当地生活；另一方面，民宿不再是在供应端单方面提供服务，而是为消费者提供互动参与的各种活动。

图 13 民宿创业头脑风暴（来源：互联网）

民宿的主人致力于为客人“创造家的感觉”（图 13）。例如，一些民宿可提供住宿以外的娱乐体验。

2. 国家对相关产业的支持

政府大力发展交通运输，为民宿的长远发展奠定了坚实的基础。在基础设施方面，铁路、公路和水路的总里程同时增加。在铁路方面，2020 年末全国铁路里程 14.6 万千米（图 14），比上年末增长 5.3%，其中高铁里程 3.8 万千米。公路方面，2020 年末全国公路总里程 519.81 万千米，比上年增加 18.56 万千米，其中包括农村公路、隧道、桥梁的建设。

此外，自 2016 年以来，中国在交通固定资产方面的投资逐年增加，其中在道路建设方面的投资增长尤为显著（图 15）。全年公路固定资产投资 24312 亿元，比上年增长 11.0%。其中，公路竣工 1347.9 亿元，增长 17.2%；国道、省道完成 5298 亿元，增长 7.6%；农村公路完成 4703 亿元，增长 0.8%(www.gov.cn，2021 年）交通的改善助力中国民宿的发展，人们比以往更容易到达不同的地方和不同的民宿。

民宿的发展也得到了运输业关键性的支持。中国大力发展交通运输和基础设施，其中包括铁路、公路、水路、民航等多种运输方式。随着固定资产投资额逐年增加，中国境内交通营业总里程也在不断增加。

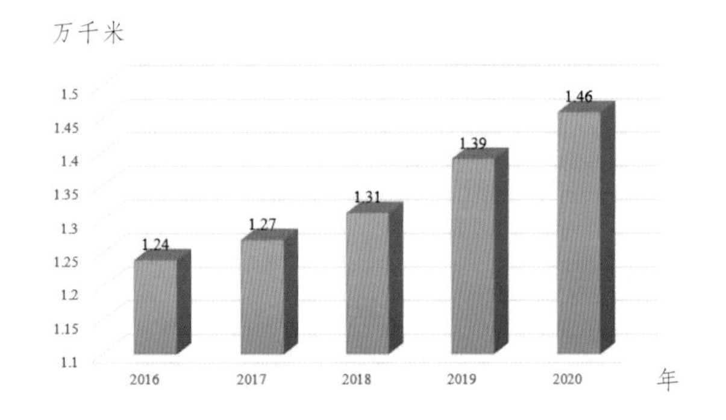

图 14 2016—2020 年全国铁路里程

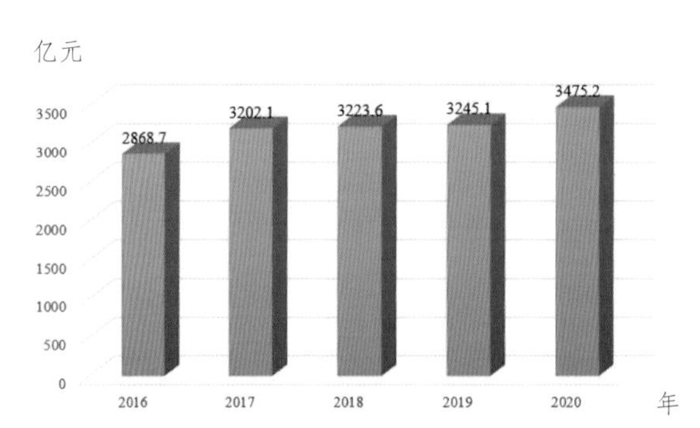

图 15 2016—2020 年交通固定资产投资
（来源：中国政府网）

3. 新冠病毒大流行的影响

重大历史事件会给消费者的生活带来影响，给所有行业带来巨大的不确定性。2020 年突然暴发的新型冠状病毒（图 16）大流行对包括民宿在内的整个旅游业产生了相当大的影响。幸运的是，这一事件在中国得到了控制。截至 2021 年 7 月底，中国全国范围内接种了 13 亿多剂新冠疫苗，情况越来越好。随着旅游人数和旅游总收入在 2020 年恢复到 2019 年水平的 33% 左右，这一流行病对民宿行业的影响喜忧参半。

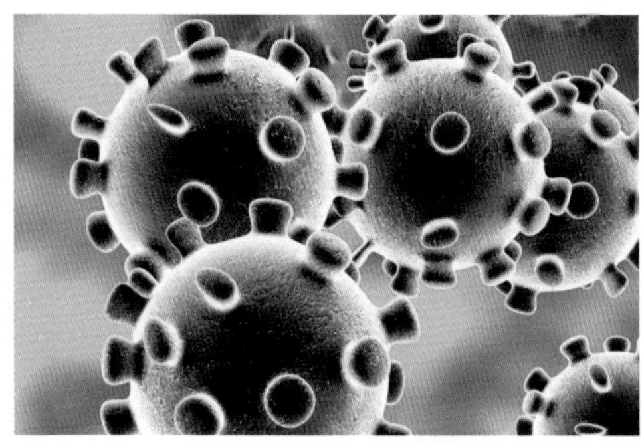

图 16 病毒（来源：互联网）

图 17 疫情期间的旅行（来源：互联网）

（1）不利因素

2020 年前两个月，酒店和民宿类企业的营业额损失超过 670 亿元。在此期间，85.71% 的民宿决定关闭，平均关闭天数达到 27 天。与此同时，平均入住率同比下降 70.3%。平均房价同比下降 50%，平均月营业额仅为 63600 美元，远低于往年同期水平（中国酒店协会，2020 年）（图 17）。

（2）有利因素

数据显示，在 2021 年 5 月 1 日，受流感疫情抑制的消费者的出行需求得到进一步释放和刺激。2021年的民宿预订量是2019年同期的2.5倍，是2020年的7.8倍，超出预期。

此外，整个旅游业的复苏也得到了进一步加强。2021 年五一期间，游客人数达到 2.3 亿。与 2019 年相比，该数字同比增长 119.7%，恢复到大流行期间的 103.2%。旅游收入 1132.3 亿元，同比增长 138.1%，恢复到疫情前同期水平的 77.0%（图 18）。

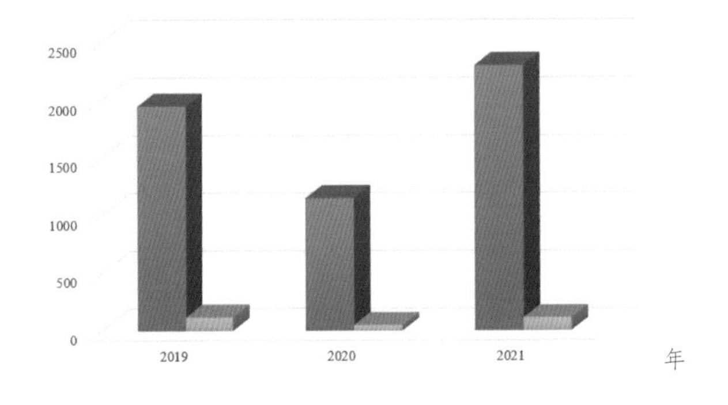

图 18 2019—2020 年中国五一假期游客数量和消费数额（来源：前站网）

作为一种环境因素，新型冠状病毒的暴发影响了民宿的发展。2020 年初，新冠病毒突然在全国传播，旅游业受到疫情的重创，成为受损严重的行业之一。随着中国的疫情逐渐稳定，春节期间没有出行的人选择在接下来的节假日出行。2021 年，旅游业的强劲需求始于清明节，并持续到五一假期。在流感大流行严重的时期过后，人们似乎对旅游充满了热情。在接下来的一年里，超过 60% 的问卷参与者表示他们将会有旅行和入住民宿的计划，这表明大多数人对疫情的未来形势持乐观态度。

（六）法律因素

目前，行业内的规范并没有全部涵盖各个方面，也没有解决实际遇到的问题和困难。民宿业应更加重视强化约束，提高质量。政府应加快出台相关监管政策法规，促进民宿的稳定发展。这就要求有关部门明确租赁双方的责任，以便通过法律手段解决各类相关事件和纠纷。同时，行业机构应加强监管，建立更多投诉服务平台，方便消费者反馈。

通过使用 SWOT 分析方法，集中分析民宿行业的四个相关特征：优势、劣势、机遇和挑战。

a. 优势

与传统住宿相比，民宿有其自身的特点和性质。第一，民宿更符合年轻消费者的偏好。在民宿型酒店中，客人可以根据自己的兴趣选择自己喜欢的住宿方式，还可以结识更多的旅伴，这可以成为年轻人社交的一种方式。第二，风格多样是民宿公认的优势，54.69% 的人在填写问卷时将此特征定为首选因素。他们认可民宿将当地人文、自然景观、生态和环境资源融为一体的做法，正在创造一种不拘一格和非标准化的住宿方式。第三，由于当代年轻人更倾向于通过社交媒体获取信息，民宿更多利用互联网进行宣传，超过 60% 的人通过互联网（64.84%）或抖音和小红书此类应用软件了解民宿。

b. 劣势

尽管近年来出现了越来越多的高端民宿品牌，但与万豪和希尔顿等知名酒店集团相比，它们的品牌知名度仍然很低。根据问卷调查结果，民宿的知名度远低于酒店。各五家国内外比较著名的品牌民宿和品牌酒店被选入了本次问卷。然而问卷的结果是，64.06% 的人一家品牌民宿都不知道，但只有 0.78% 的人一家品牌酒店都不知道。

除此之外，民宿市场分布不均导致收入不平等（观研报告网，2021）。由于民宿主要依靠旅游业赚取利润，选址不同可能导致营收剧烈地两极分化。此外，由于民宿主要集中在风景名胜区和旅游景点，并以风景名胜区为核心向周边辐射，因此淡季和旺季的业务可能存在显著差异。例如，中国的首都北京就具有这一显著特征（爱彼迎，2019），北京的民宿从中心呈放射状分布。值得注意的是，北京故宫、颐和园等景点周边的民宿数量相对较大（图 19 ~ 图 21）。

c. 机遇

民宿的发展充满了可能性和机遇，人们越来越多地接受旅馆以外的其他住宿。如百度索引数据所示，搜索“民宿”一词的频率逐渐增加，日平均值为 243.770 倍。这表明人们对民宿有更大的兴趣和更高的要求。

此外，随着消费水平的提高，民宿需求仍在增长。预计旅游业将继续扩张，会推动中国民宿业的发展。游客数量将呈现强劲上升趋势，并产生更多收入（图 22）。在过去五年中，中国各部委和地方政府出台了多项法律规范和支持性政策文件来发展民宿，标准体系不断完善。在政府的帮助下，农村民宿的数量激增，但为了实现合法化和标准化，相关法规仍需完善。

图 19 北京的爱彼迎民宿分布情况（来源：爱彼迎）

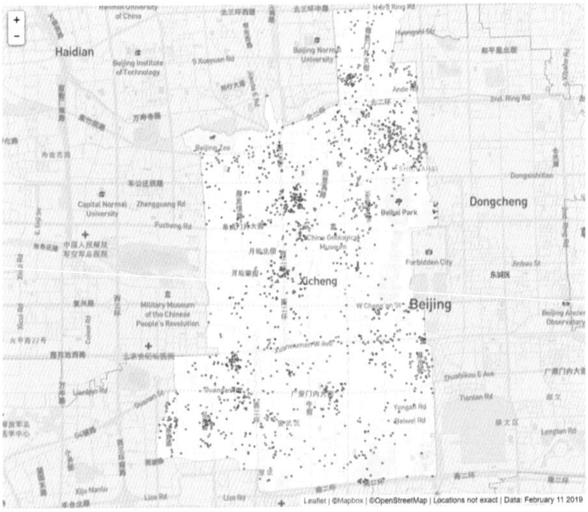

图 20 西城区什刹海附近的民宿（来源：爱彼迎）

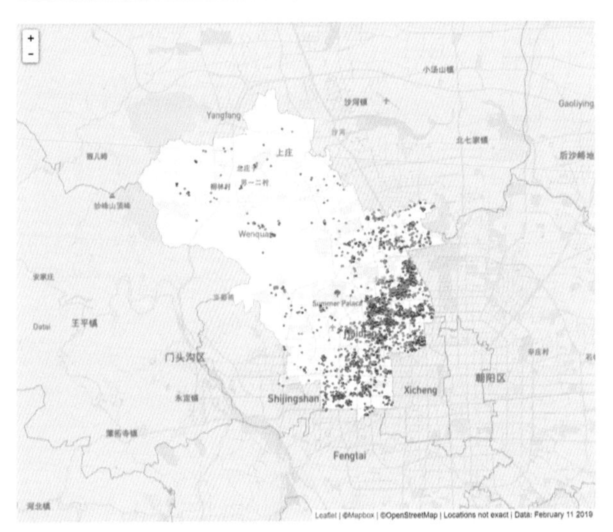

图 21 海淀区颐和园附近的民宿（来源：爱彼迎）

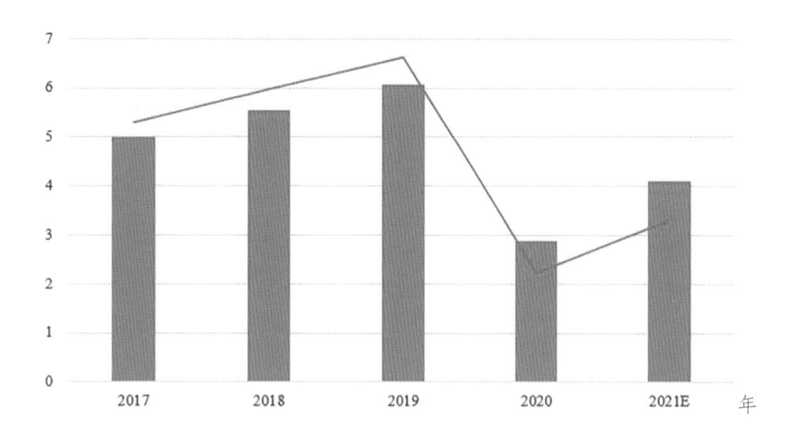

图 22 中国国内旅游人数和收入

d. 挑战

当问及人们眼中民宿最致命的短板时，糟糕的卫生状况和安全问题是人们最关心的问题。同时，民宿缺乏标准化管理可能会导致这种问题。地理科学与资源研究所的专家齐晓波说："一些以短期租赁为主要运营模式的城市民宿超出了相关规范的管理范围。"

例如，一些民宿的实际外观与在线照片和描述不匹配，一些民宿的主人没有注册租赁合同或签署书面协议。在严重的情况下，民宿的运营还可能会由于干扰周围居民并影响他们的日常生活而引起麻烦。此外，如何让更多的人了解民宿，吸引更多游客更多次地到访是最大的问题。民宿行业必须为其未来的可持续发展找到出路。

从 SWOT 分析来看，民宿行业的发展也需要相关法律的护航。对于民宿行业而言，缺乏针对更好管理和服务的具体要求。因此，为了保持民宿产业的持续发展，国家和政府都需要高度重视民宿产业的监管。此外，还可以通过预订平台提高民宿的信息化程度，在线旅行社可以推出面向民宿运营商的管理系统，这有助于更好地管理民宿。

窦婷姗于北京

2022 年 8 月 19 日

Chapter 1
第一章

In Historic Cities

城市历史

中国有很多历史悠久的城市，北京、上海、西安、南京、苏州……城市中至今留存着成百上千年的老建筑、老街道和老字号店铺。生活在时代的变更线上，人们一手怀揣着过往，一手托举着明天。沧桑斑驳的老城墙诉说着城市的回忆，那恰巧是一种很奇妙的东西，串联起一座城里所有人的认同感，它可以生活在过去，存在于现在，影响着未来。这些年，要求保存、保留、保护旧建筑、老街道、老城垣的思潮高涨。像在本章后面提到的，不少艺术民宿就开设在胡同、弄堂、老街里面，让游客们有机会重新穿越时间的跨度，去感受那些旧时街道巷子的温情生活。

记得王蒙先生在《旧宅》一文中写到："五十多年前，你在这里出生学语。五十年前，你在这里嬉戏。四十年前，你在这里读书写字。三十年前，你在这里成婚。二十年前，你在这里生火炉……在这里住过、想过、饮过、爱过、闹过。"这段描写北京城的文字打动了我，一个有着深深的文化历史的城市，有人们曾经住过的房子、街巷，即使简陋、破旧、衰败了，人们对它们也不会无动于衷。对于城市和邻里，有个

民宿

引言

人的记忆和情结，又有社会的集体记忆和怀旧情结。这，就是城市历史的迷人之处。

城市是物，但不是自然物，而是渗透了历史、习俗、艺术、生活的方式、人生等文化内涵之“物”，本身是物化的文化。人能够将自己的感情移入现在或过去生活的房屋、院落、里巷、街区……那里的一切。对那些深藏在古城里的民宿而言，它们具有市井里的独特风味。人们入住民宿，不只是为了“住”，也为了抚摸到旧时的情怀而来。

协作胡同胶囊酒店

古城中的青年公寓

协作胡同胶囊酒店位于北京东二环核心老城区，临近张自忠路的段祺瑞执政府旧址，古老韵味与现代风貌交相辉映，别具趣味。

酒店由两间院子相连而成，从一面中式的朱红色大门走进院子，左侧为前台，右侧为室内影音阅读区。影音阅读区正对着白杨前院。前院影壁中暗藏玻璃砖，为房间带来柔和采光。暮色时分，暖黄光影从玻璃砖中映出，光影交错，映射出现代感的光影矩阵。

这里地处北京寸土寸金的核心城区地段，同时也是为青年们设计的集合居所。为了提高居住密度，来自东瀛的设计师借鉴了日本胶囊公寓的做法，将睡觉的空间设计为上下两层紧密排列的方舱，将更多的空间留下作为公共交往区。前院的共享廊道，后院的树荫外景，会议室、会客厅、自习书房都有灰砖装饰，给入住的客人留下更多交流和社交的机会。

在设计之初，这里就是一方古香古色的老宅；经过一番改造之后，这里呈现出青年公寓的品牌风格，也展现出设计师青山周平对待老建筑改造务实和简练直入式的审美取向。

项目简介

名称： 协作胡同胶囊酒店
项目地址： 中国，北京
设计单位： B.L.U.E. 建筑设计事务所
主要设计人员： 青山周平、藤井洋子、杜雷
竣工时间： 2017 年 8 月
占地面积： 1300 平方米
建筑面积： 1150 平方米
摄影： 锐景摄影

↑胶囊酒店的外面有一扇朱红色大门，透着老北京四合院的“地气儿”

选址特色

◎ 北京的协作胡同

老北京城区自元代以来经历了大约800年，它虽不断完善，但道路和街区始终呈十分工整的网格状布局，再由无数的胡同和四合院组成方正的城市肌理。北京的城市架构东西南北方向分明，以至于从未来到过这座城市的游客，都能很容易地找到要去的方向。协作胡同位于老城内，呈东西走向。东起东四北大街，西止南剪子巷。全长428米，宽6米，周边围绕着著名的京城文化特色建筑。向西不远，就是热闹的南锣鼓巷民俗文化街区，向南步行20分钟可达中国美术馆，向北20分钟可达雍和宫、国子监。生活在这里，可以体验地道的老北京地域风情——“胡同儿”文化。

↑入口处的影音阅读区，很好地满足了年轻人社交会客的需求

↑保留院子中间原有的大树，使之成为这里的景观中心

←院子是“四合院”建筑的居住乐趣所在，为住客们提供交流的机会

↑兼具会客和办公功能的通行廊道

↓ 室内影音阅读区，一个半私密、半开敞的房间
↓ 整条廊道贯穿前、后院，既是交通纽带，又具景观功能

↑ 面对院子，利用落地窗让内外空间隔而不断，原本陌生的住客不自觉停驻于此，邂逅交流
↗ 廊道顶部的开天窗设计，使公共区域明亮开敞
↗ 前院东侧通道为可供休憩的共享廊道空间
→ 朝向院子的廊道形成“半户外街道式”的全新空间

↑ 二层的露台由一层廊道屋顶连通而成

↑ 屋顶的回廊创造了很多室外交流的空间

↓ 二层的公共区域四面被青砖包裹，屋顶和高侧窗的设计为住客提供了很好的观景视野

↑清晰暴露的屋顶梁架结构更添一分胡同建筑的历史文化气息

↙居住区在走廊的端部，有种静谧的气质
↓胶囊公寓中睡觉的地方，空间不大，居住隔间有上下铺，但每个人都有独立的空间

渝舍印象酒店

见微知著

渝舍印象酒店的前身曾是一家旧招待所兼棋牌室。设计过程的开端是从整合的角度梳理了文化、自然与建筑之间的关系。由于它位于中国上海市复兴东路上，毗邻豫园，故取谐音“渝舍印象”。

旧宅被解构嫁接成现在的一栋庭院相间、内外相连的复合式建筑。由水岸造景、露台、客房、餐厅、茶室以及园林等部分组成，兼具民宿的功能性和景观性，讲究海派文化细节的精致打磨，在整体房屋格局修旧如旧的基础上，通过内饰和软装的搭配，昔日的上海里弄经历了新旧交替的时代蝶变。

城市民宿除了硬件的完善，核心文化也是至关重要的。只有人们被民宿想要表达的情感所征服，认同它的理念，赞美它陈述的生活方式，它所表达的人生态度，这间民宿才被称为精品民宿，或者是文化民宿。渝舍印象希望能给在钢筋混凝土城市里生活和工作的人，带去便利的智能化设施享受和温暖周到的人文关怀。

“室内与室外，建筑与景观，自我与都市”，在个人私密与都市喧闹之间，仅一线之隔。身处渝舍印象之中，却宛若内心境地与外界断然隔绝。

项目简介

名称：渝舍印象酒店
项目地址：中国，上海
主持建筑师：蒋华健
设计单位：上海本哲建筑设计有限公司
竣工时间：2018 年 2 月
建筑面积：678 平方米
摄影：是然建筑摄影 / 金选民

↑ 渝舍印象的街景，在建筑尺度和色彩上的控制，与周遭环境显得贴切和适度

选址特色

◎ 上海复兴东路

上海市地处长江入海口，它既是一座历史文化名城，也是中国经济、交通、科技和金融的前沿阵地。上海人口众多，消费发达，位于市中心黄浦区的复兴东路是一条东西走向的街道，也是游客们身临其境体验这座国际化大都市市井生活的好去处。早在明清时期，复兴东路有一半是河道，到了 1913 年，河道被填埋，成为肇嘉路，1945 年这里才正式更名为复兴东路。

↑ 前厅大堂和咖啡厅在格调上遥相呼应
→ 低调和隐秘的渝舍印象入口

自古以来，复兴东路就不缺热闹，东端是上海轮渡站，沿街两侧是密集的住宅区和商业区，向北走不远还有城隍庙广场、豫园等耳熟能详的热门旅游地。住在复兴东路上，可以感受到不夜之城的繁华热闹。

↑← 中庭也是过厅，天窗屋架和铁艺栏杆的工业风为建筑注入怀旧的格调

← 房间“淳”的主基调是新中式风格，虽是钢木材料，但也有明式家具的简约气质
↑ 客房内部，半通透的铁艺格栅隔墙对视线起到一定的隔绝作用

↑loft 大跃层房间，楼上是休息区域，楼下可休闲会客，将休闲会客与休息区域有情致地区分开

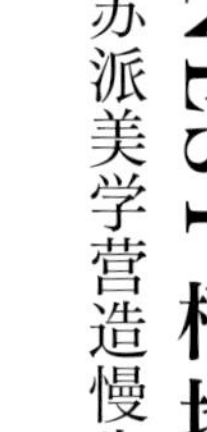

NEST 栖地老宅

苏派美学营造慢生活之『巢』

NEST 栖地老宅的前身是一幢拥有 200 年历史的老宅。在改造之初并没有明确的功能界定，可以是精品民宿、聚会场所，也可以家人和朋友自用。虽地处苏州老城历史文化街区，却没有被划入著名的平江历史文化街区保护范围之内。这个位置很奇妙，它隐于纷扰的市井，藏于古老巷弄之中。

若没有一点穿街走巷的本领，可不太容易找到它。可能是酒店故意为之的某种低调做法吧，不设前台，只告诉你地址和大门密码的打开方式。在推门进入民宿时，反倒更让人兴奋不已。

旧宅经过翻修，初看之下仍是由鹅卵青苔点缀，在一群老民房中默然无声，进入之后才发现别有洞天。宅子前方的院落由斑驳的旧砖墙围合而成，院中配有小型私人泳池和蓝色的轻钢柱廊。构成院落的元素简单，但个性鲜明。内部客房整体框架依旧守着传统江南苏派建筑的美学原理，而古典的空间又和大胆现代的设计手法交融。

这里的颜值和文化氛围是值得相当推荐的，但老房改造后的体验绝非完美。美中不足的可能是几年前在携程网上看到有客人提出酒店客房的隔音问题。对于一般木制结构的民宿老宅，隔音问题就是通病。

无论如何，NEST 栖地老宅重现了旧时苏州人生活的悠闲场景，成了以传统的古朴美学为基础，将苏式家具、食器、茶器等融入现代生活场景的居家式酒店，洋溢着古典而诗意的气质。

项目简介

名称：NEST 栖地老宅
项目地址：江苏，苏州
设计单位：OAD 欧安地建筑设计
主要设计人员：李颖悟、约翰 · 萨拉米尼（John Salamini）、吕婧婧、闫妍
竣工时间：2017 年
建筑面积：约 600 平方米
摄影：蔡旭荣

↑院子里面用蓝色透空屋架隐喻了传统建筑中的抄手游廊，在时尚与复古之间找到某种平衡

选址特色

◎ 苏州

在许多人的固有认知里，苏州乃至苏州人是儒雅的、内敛的、温润如水的，以至于千年文脉下衍生出的古物，也带着份默不作声的匠心。诗意的苏州，是人们心中似小桥流水和江南水乡的景象，也是承载东方画意的精神乡土。据史料记载，苏州古典园林始建于2500多年前，是宅园合一的建筑群，至今现存50多处。其中最知名以及影响力最大的，当属苏州四大名园：宋代的沧浪亭、元代的狮子林、明代的拙政园、清代的留园，它们分别记录下四个时代的风格，至今影响着中国园林审美标准。

苏州园林享誉世界，它诞生于人口密集的繁华都市，却追求依恋自然、与自然和谐相处的美好境界。它可赏、可游、可居，不仅孕育奇巧的匠心，更将自然的壮美引入眼前。

↑庭院里的水吧，按照中西合璧的设计，在中式庭院里，植入西式下午茶的闲适氛围

↑入口窄墙即是天然的影壁，墙这边是素雅门牌，墙那边则掩映这一院闲趣

↑入口细节

↗将老宅的LOGO植入于古朴的铜环木门当中。推开门，是老宅客厅窗明几净，阳光流泻而下

↑流线造型的浴缸由素混凝土直接浇筑而成，结合柱子进行定制设计。房内各功能区域舒畅通达，空间柔和亲切
↓房内灯光照明经过精心设计，光影相互交叠切割，勾勒出老宅传统木结构的形态，赋予空间更多韵味

↓套房的卧室和小院，灯光来自床下和镜子背面，这种照明方式让家居显得更加精致耐看

↑大套房给人以完全放松与回归本源的体验。竹、木、织物，组成了房内全部陈设。一整面墙的落地窗将日光尽纳，浅色木地板上是微微抬起的榻榻米，赤足踏入房内，身心便自然而然地放松下来

↑ 客房里可以感受到一些传统苏州大户人家的日常起居生活
↓ 套房室内，是现代生活和古代苏州环境的混搭

苏州有熊酒店

睡在苏式园林

苏州有熊酒店是有来头的——它原本是位于姑苏老城区的“贝氏”古宅，原名嘉园，是建筑大师贝聿铭家的房产。贝聿铭的叔祖父贝润生于1917年购置了它，经多年修缮成为贝家私宅。

整个宅院占地2500平方米，始建于清代。老宅前后共四进院子，其中四栋建筑是清代的木结构古建筑，另四栋为后来扩建的砖混结构建筑。在政府古城改建的号召下，2017年贝氏老宅完成了古建筑和现代建筑的内外改造及庭院改造，将老宅院变身为现代文旅公寓——苏州有熊酒店。

苏州有熊酒店的入口躲在敬文里一条窄窄的巷子里，改造后的建筑一半保留了中式古典建筑的风格，另一半则呈现了简约舒适的现代气息。

对于由清代古建筑改造的部分，设计保留了原有的木结构，并在内部增加了空调、供暖及淋浴等现代生活设施。外立面将木结构表面改为传统的黑色大漆工艺，与原木色门窗结合，室内装饰以黑胡桃木及石材等天然材料为主。内外一体的风格，展现出老宅古朴素雅的气质。

在对当代砖混建筑的改造设计中，通过黑色金属凸窗、原木色家具等细节展现出更加轻松舒适的现代气息。在这座酒店的不同建筑中，新与旧有着各自清晰的逻辑，和而不同。

项目简介

名称： 苏州有熊酒店
项目地址： 江苏，苏州
设计单位： B.L.U.E. 建筑设计事务所
主要设计人员： 青山周平、藤井洋子、刘凌子、魏力曼、张士婷、杨光
竣工时间： 2017年9月
占地面积： 2500平方米
摄影： 嘉野荣一

↑苏州有熊酒店地处苏州市区主力商圈观前街地区，距离拙政园、狮子林、苏州博物馆等约 1 千米

庭院是苏州古宅中最美的空间，在老宅院里，每一座古建筑都有一个独立的庭院。设计师对在原本规划格局中没有庭院的房间，也特意留出一部分空间并改为庭院。住宅不再是封闭的，室内与室外相通，庭院与庭院相连，延续了苏州园林的情趣，步移景异，形成连续动态的感官体验。

入口空间由原先的停车场改造而成，成为由石子和水景铺装的庭院，竹林肌理的现浇混凝土墙将喧嚣的城市节奏自然隔绝在园林宁静自然的氛围之外。水池中的下沉座椅，让人们在休息时可以更加亲近水面和树木，带来不一样的视角和体验。通过庭院的改造，动和静、城市和自然，达成了最大限度的和谐。

→ 入口处竹林肌理的现浇混凝土墙面，把人们从喧嚣的城市环境带入酒店宁静的氛围里，实现了情境的转换
↘ 庭院与庭院相连，两棵矮树落影在白墙上，倒映在水面上，延续了苏州园林的情趣

选址特色

◎ 苏州

说起江南，怎能不提起苏州？一座常常出现在中国人画里和梦里的“水乡”。有着“人间天堂”美誉的苏州，经历过 2500 多年的沉淀，时尚又传统。越是生活忙忙碌碌，就越是奢望有一点淡淡的悠然。

在你的梦里，是否有一位撑着油纸伞、走过石板路的姑娘，那婷婷袅袅的背影，消失在古巷的尽头？哦，梦里水乡，那或许就是苏州古城生活中的景象。

← 作为清代古建筑改造项目，设计保留了全部的木结构体
↙ 在古建筑内部增加了空调、供暖、淋浴以及沙发茶几等现代生活所必需的功能设备与家具
↓ 古宅的改造是一种与历史的对话，清晰暴露的建筑木构架内部，呈现出庄重的历史感
↓ 天然石材的地面铺装，营造了自然朴素的风格

← 在这里居住可以体验苏州人关于“家”的观念
→ 室内外空间的连续性和墙面、窗间在细节上的留白，都延续了老宅原有的精神和空间体验感

→ 公共泡池的器具和设备陈设是现代的，室内结构与环境是古典的，形成了鲜明对比

↑ 室内装饰风格更加简洁，使用超大框的玻璃门窗，模糊室内外的边界
↑ 砖混建筑新加了黑色金属凸窗，使用的是简洁而纯粹的现代语言，而开窗的形式和位置采用了苏州园林中的框景手法，即将室外美景像画作一样引入室内
→ 客房均带有简易厨房，所有家具和客房用品均为一体化设计的精致产品

018

↑ 酒店配有大小 8 个独立庭院，可在闹市中静享苏式私家园林生活
↗ 室内主要为“白色 + 原木色”的基调，与古代建筑室内的深黑胡桃色形成对比，更具有轻松舒适的现代气息
→ 在砖混建筑改造中，室内主要使用原木色家具

Chapter 2
第二章

In the Countryside
乡村田园

英国的水彩画总是令人印象深刻，它们个性鲜明，不乏大师和传世的画作。这些水彩画的主题，多半是乡村的美丽景色，不必画家费心渲染，英国的田园处处入画。近几年，以田园风格表现的各种建造和装修主题越来越受到大众的喜爱。它们贴近自然，展现朴实生活的气息。田园风格最大的特点就是回归自然，不精雕细刻。

田园风格的民宿，最好的载体就是乡村。中国近几年乡村田园风格的艺术民宿正值“井喷式”的发展风口。在国家的大力投入和政策的拉动之下，各地乡村的条件在不断完善，在交通、电气、移动通信等大型基础设施问题得到解决后，高端精品类乡村田园民宿的发展十分迅速。乡村田园民宿投资规模小，建设与运营相对简单，方式灵活，可以不拘一格。农民坚守自己朴实的实用哲学，往往也精于计算每一分收支。艺术民宿如果不与生活实惠产生关联，就很难想象它的处境。因此，建设乡村田园民宿要因地制宜，就地取材，有效利用闲置房屋，盘活资源。成功的乡村田园民宿，正引领着一批中国贫困地区的相关经济产业，摆脱过去的困境，走上富裕的道路。

生活在乡村，比城市更贴近原始自然环境，周围大都是民风淳朴，生性豁达的农民，心理压力小，所以周末到乡村度假的年轻人越来越多。大城市人爱乡村生活，伴随着农村生活方式的升级和乡村建设的浪潮，近年来越来越盛。一个有意思的现象是，最近几年湖南卫视的综艺节目《向往的生活》热播，邀请了一众影视明星及艺人到乡村居住体验，干农活，吃农家饭，结果收视率越来越好，顺便还带火了几间乡村里的民宿。

民宿

引言

此外，越来越多的规划者、建筑师、创意人和创业者投身中国乡村建设，在传统单一的农家乐和景区旅游模式之外，为我们带来了更多个性化、有创意、有品质的新型艺术民宿。从江浙知名的乌镇，到洱海边上的大理，均成为游客众多的网红打卡地。当然，本章中的几个案例，是最近 6 年建成的中国艺术民宿的新案例，各大旅游 App 和在线直播等热门形式，将乡村民宿带火了。

“蝴蝶效应”在乡野扩散开来，一个建筑、一个空间、一方山水便能撬动一个乡村乃至整个市县的旅游方式的升级。很多民宿的主人通过改造旧有的农舍赋予一个无名建筑以新生，将中国千年东方文化审美浮现在人们面前，避世修养，谈茶品鲜，营造出“天、地、人”共生的人居仙境。

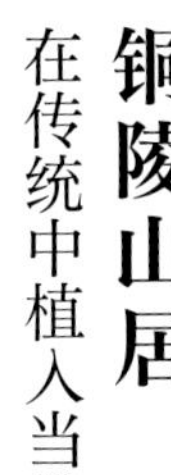

它，就是电视节目《漂亮的房子》里面一座安徽乡建民居的原型，因俊秀小巧而知名。铜陵山居原本是一幢破败的山乡民居，地处全村最高的山上。2017 年，建筑师庄子玉团队接手，用 60 万元将其打造成一座“漂亮的房子”。设计在原建筑的西向和南北向上各增了一跨，将原有建筑加高至两层，结合檐下形成的虚空间，形成前后错落的连续曲面。这样的设计手法，暗合了中国文化“道生一、一生二”的宇宙观。

新产生的墙体部分由当地其他建筑上的不同类别的老砖砌筑而成，整个建筑的立柱及屋面均采用了当地其他房子拆除时回收的老料老瓦，并由当地工匠用传统工法砌筑而成。一方面在建构方式上回应了本土的文化性，另一方面在建材的使用上也体现了可持续的生态理念。

山水之间，这座建筑兼具徽派建筑的韵味，又现代感十足，让住客们感觉入住的是一处景观之地。“美的艺术总是人类与其环境的一种相互作用的经验产物。”时隔 4 年，铜陵山居尽可能地保留原貌，以民宿的方式开放。虽仅有两间山居客房，但游客们可以预订的还有晨雾环绕、狗吠鸟鸣，偷山居一日，慰浮生一年。

项目简介

名称：铜陵山居
项目地址：安徽，铜陵
主持建筑师：庄子玉
设计单位：德阁建筑设计咨询（北京）有限公司
主要设计人员：戚征东、李娜、李京、赵欣、范宏宇、朱坤宇、王佳欣
竣工时间：2017 年
建筑面积：160 平方米
主要材料：钢、木材、黄铜、玻璃、青瓦、老砖
摄影：苏圣亮、许挺

← 龙潭肖村，是个景色秀丽的小山村
→ 铜陵山居延续了徽州民居风格，地处全村最高的山顶，自成一个小院

选址特色

◎ 安徽铜陵市钟鸣镇

铜陵，是桐城派文化的发源地，万里长江穿境而过，是个“山水林田湖”俱全的地方。铜陵山居就坐落于山清水秀的钟鸣镇。钟鸣自然神秀，山水旖旎，有狮子山、马仁山、佘村太阳冲、水龙山、牡丹山、金山等奇丽风光，构成铜陵东部生态旅游区域，是独具江南魅力的“世外桃源”。同时，这里也是抗战时期新四军活动的一方革命老区根据地，具有开发红色旅游的优势。

↑房屋正面的入口用了拆除其他民居时回收的老料老瓦，并由当地工匠用传统工法砌筑而成。虽显得斑驳老旧，却十分适合拍照和入画

↑餐厅和客厅的空间由步入二层的楼梯一分为二

↑透过二层过厅的窗，游客们将外面的景色一览无余
↗稍有弧线的屋檐、圆角内饰的院门，寥寥几笔的细节让这座民宿的灵秀气质凸显出来
↓一层透明的大玻璃墙体显得非常轻巧，将现代主义风格融入传统民居之中

松阳原舍·揽树山房

诗意栖居的原味山村

松阳县榔树村是中国古典县域的标本。建筑以全新的民宿模式落座于此地的山间，如落在“江南秘境”中的一颗露珠。虽然大致一看，似乎是个不经意雕琢的民宿酒店，但 33 间客房配备了接待大堂、图书阅览室、餐厅厨房、恒温泳池等公共区域，2688.27 平方米的建筑面积，对于一个山间民宿来说，无疑已是巨大的体量。

为了最大限度地消隐于山林，还原静谧美好，设计人员采用化整为零的方法，将一层或两层的客房错落有致地散落山间；四层的公区以片层的形式贴合地形延展，在弱化体量的同时，创造出一系列观景露台。各层建筑的顶面和地面与不同高度的山体衔接，层层展开。建筑有如从山中生长出来，以最轻柔的方式贴合于山地，隐现于景观中。

客房的造型提取坡屋顶形制，延续古村落的传统文脉，公区则使用平屋面来满足大平台的需求。在材料上也相应有所区别，客房以当地夯土材料为主，而公区采用模板混凝土，形成材料与形式的有机结合。居住在此，四面环山，古树环绕，足不出户即可私享一窗的美景。客人们可以在假日休闲时，品原味山村。

松阳这里一年 365 天中有 200 天都是云雾天气，似人间仙境一般。建筑在自然与人工之间，选择以谦虚之姿态回应自然，顺应“天人合一”的美学境界。

项目简介

名称：松阳原舍·揽树山房
项目地址：浙江，松阳
主持建筑师 / 项目主创：孟凡浩
设计单位：gad、line+ 建筑事务所
主要设计人员：李昕光、朱骁铖、章洪良
竣工时间：2019 年 5 月
建筑面积：2688.27 平方米
主要材料：木材、钢、砖石、混凝土、夯土
摄影：存在建筑建筑摄影、金选民、杨光坤、侯博文、唐徐国

← 建筑依山坡地势建造，错落有致，在不同高差的山坡上，用毛石砌筑挡土墙，不仅有利于加固山体，还增添了客房彼此间的私密性
→ 住在云海包围的山里，有种仙境的幻觉
↘ 巧妙的动线设计让来访者的视线在不同的高度、不同的时间里迂回

选址特色

◎ 浙江松阳

浙西的松阳县有许多古村落，如今成了中国最美的“自然治愈地”之一，有着“最后的江南秘境”之称。松阳原舍 · 揽树山房坐落于松阳榔树村，这里群山环抱、古树参天、流云飞雾，带着历史与文化的印记，也带着令人心醉神迷的意境。躲进深山密林，当夜幕降临，那时便不会有城市的灯光来打扰你。沉浸于好久没体会过的黑，抬头便会看到那满天繁星，似乎近在咫尺。2014年，是浙江省开始进入一场民宿拉动乡村经济振兴的开端之年。而松阳的民宿，恰恰就很合时宜地在那时站到了乡村内容度假的“风口”上。

↑使用当地原生建材，既可降低成本，又展现出中国乡村独有的美感

↗清晨的独栋别墅，静谧而美好的一切都刚刚好
→观景平台，游客们常在这里享受心灵的度假

↑以谦虚之姿态回应自然，寻求平衡妥帖之美

↓在半山处的无边泳池是自然中的奢华体验

青骊拂晓

躺在床上看海上日出

“青骊拂晓”之名暗示了酒店的独特之处，拂晓指黎明，睡在酒店的客房里就可以看到日出与海景。涠洲岛东南角的下坑村人口较少，风景优美，海岸线长，在村与沙滩之间还有一片小树林，使这里的海景更为独特。

基于海景的考虑，青骊拂晓的设计师把一些原建筑朝东（看海）的房间与朝西的房间打通，形成更好的通风与景观兼得的空间，餐厅及屋顶平台的设计皆有看海的考虑。

青骊拂晓利用原有建筑的外形，并在外墙采用多种材料增添建筑的休闲和趣味感，包括水洗石或水磨石等防潮易打理的材料。由于房子本身要抵抗高温与多雨的海岛气候，所以容易修复与耐用的材料是最终选择，外墙使用了真石喷漆与菠萝格木板，并以墨绿色呼应基地周边的珊瑚石围墙与树林。内部空间现代简约，意在将海景、日出、沙滩等环境景色融入建筑之中。

项目简介

名称：青骊拂晓
项目地址：广西，北海
主持建筑师：冯国安、王素玉
设计单位：间外建筑工作室
主要设计人员：步东梅
竣工时间：2018 年 10 月
建筑面积：760 平方米
主要材料：水磨石、水洗石、菠萝格木板、马赛克、真石喷漆
摄影：白羽

↑涠洲岛下坑村，是个海边安静的小渔村

选址特色

◎ 北海市涠洲岛

涠洲岛，位于广西壮族自治区北海市北部湾海域。涠洲岛是火山喷发堆凝而成的岛屿，有海蚀、海积及熔岩等景观，素有“蓬莱岛”之称，是中国地质年龄最年轻的火山岛，也是广西最大的海岛。

涠洲岛的海上日出是非常动人的。海平面出现耀眼的光晕，晨光洒向海滩，一道道的海蚀沟、青苔和海水，在朝阳的映照下，色彩斑斓，十分漂亮，原本蓝得让人心醉的海面此刻铺上一层金黄色外衣，甚是壮观。

→ 在这里可以看到最佳的海上日出风景
↓ 暮色下的下坑村，显得十分靓丽多姿

↑ 室内餐厅是简洁的现代主义风格，满窗皆是富有诗意的田园美景

↑在铺着长条木板的室外平台，找回“原风景”
↓二楼房间的阳台，正对一望无垠的草场，富有田园牧歌的色彩

↑二楼卫生间，整齐洁净的布局

↑星空房从墙面到屋顶都是玻璃，可以仰望海面上辽阔的星空，此时，你便成了在星空下讲故事的“主角”

←局部有阳台的地方，是立面设计中不多见的“装饰”
↓夜色下的游泳池，水里的点点灯光映照着天上繁星，真是浪漫至极

蘑菇屋

走进综艺里向往的生活

“萧洒桐庐郡，开轩即解颜。劳生一何幸，日日面青山。”桐庐地处浙江西北，匿于群山之间。山坡间有村名为合岭，坐拥竹林，四季常青。蘑菇屋便落在此景中的一处小山坡上，面朝梯田，水稻葱葱。临近的山尖是黄公望《富春大岭图》中的高山湖，山间时常细雨蒙蒙，和蓊郁的山林一道，构成了人们向往中的山野乡村图景。

这里原是综艺节目《向往的生活》的拍摄地，简易的夯土房中开有质朴的木窗，镜头中的蘑菇屋描绘了人对于在自然中“居住”的向往。而此蘑菇屋的设计改造过程，就是将梦想转变为现实的契机。

建造蘑菇屋使用的材料十分“乡土”，屋面采用土瓦，加建的茶亭和咖啡屋铺设了稻草屋顶，外墙采用夯土形式筑就，内墙选择了吸收甲醛的硅藻泥。一系列对于材料的考量，是为了拉近人与乡土的距离。空间小而干净，纯粹而宁静，没有任何藻饰。在这里，体验的不仅是节目里人人羡慕的田园生活，摘玉米、插秧、磨豆浆、摘西瓜……在乡村宁静温柔的良夜，生活的美好向往更可以被“留 + 住”。

项目简介

名称：蘑菇屋
项目地址：浙江，桐庐
主持建筑师：戚山山
设计单位：STUDIO QI 建筑事务所
主要设计人员：蔡林城、方倩倩、赵雨婷、周梦凡
竣工时间：2019 年
建筑面积：777 平方米
主要材料：夯土、混凝土、土瓦、玻璃、实木、土砖
摄影：金伟琦

↑ 宁静的山村小院，被树林环绕
↑ 暮色降临，晚霞映衬下的蘑菇屋

选址特色

◎ 浙江杭州市桐庐县

桐庐属于杭州市，地处钱塘江中游，为温度适宜的亚热带季风气候，自然资源丰富。桐庐县以丘陵山区为主，平原稀少。山的伟岸、石的气势、水的灵韵、林的秀色，构成了桐庐山水洞天、色彩斑斓的景致与诗画般的意境。历史名画《富春山居图》中最精彩的一段就是描绘桐庐山水，秀丽的风光也培育出一批艺术家创造的桐庐诗画，让这里成为远近闻名的旅游之乡。

←↙ 建筑的外墙是当地常见的夯土墙

↓ 田野环绕诺大的庭院，圈里有鸡鸭、羊驼、迷你猪，可以看到炊烟……你能真实地感受到乡间生活的存在

↑ 朴素整洁的主屋客厅，是现代主义的简约风格

↑↓ 屋顶天窗增加了自然采光，并在视觉上扩大了狭小的空间

↑在地面位置，墙体做内凹的踢脚线，不放任何占据空间的家具，让空间显得整齐
↓在卫生间沐浴时可以享受的天光，是这个房间的亮点

↓阁楼的楼梯用交错的木板遮蔽，划分出空间的层次

鱼乐山房

养生养眼的东方秘境

鱼乐山房依山傍水而建，同时又紧邻国道，交通便利。民宿需要将极佳的山水景观摄取，又要把嘈杂的省道屏蔽。为此设计师重新规划组织了溪水、省道、院落和建筑之间的关系，创造有叙事感的东方诗意空间。将开放与封闭的要素在有限的空间中重新设定，同时借此还能营造出山居“幽”的意境。

每间客房都拥有与自然无界呼吸的外部空间。阳台外局部的细密格栅过滤了山景，限定了山水景观摄取的视界，也强化了客房私密性。

中国园林与日本园林不同，日本园林讲究“静观”，中国园林讲究“动观”，是亲身在景观中的游走与体验，讲究可居、可游、可观。因此，中国园林十分善于利用自然中的山水景色，结合人工景观的设置“以小观大”，领悟自然的哲理。

鱼乐山房选择了以公共空间屏蔽省道，开窗朝向内院水池的入场方式，利用了一系列界面的塑造引导动线和阻隔视线与声响，同时也为欣赏山景构造出明确的“画框”，将预先设定的美好山景强调出来，给体验者留下共同的集体记忆。

项目简介

名称：鱼乐山房
项目地址：浙江，临安
主持建筑师：范久江、翟文婷
设计单位：久舍营造工作室
主要设计人员：余凯、陈凯雄、黄鹤、李婷、孙福东、吕爽尔、董润进
竣工时间：2018 年
建筑面积：1100 平方米
主要材料：混凝土、砖、木材、钢
摄影：赵奕龙

选址特色

◎ 浙江临安

临安是浙江省陆地面积最大的区，是太湖水系的源头，地处天目山风景区，是“国家级生态区”，被称作“杭州的后花园”。这里村庄的周围是溪水，以及巨大而沉默的山林，绿意盎然，被称为“中国竹子之乡”。鱼乐山房的场地就位于临安区太湖源镇白沙村的山坳内，周边群山环绕，溪水和省道并行，从场地东北角穿行而过。

↙ 归隐于天目山中，演绎着“天人合一”的境界
↓ 侧面远观，在青山与绿水的环抱之下，鱼乐山房的一切似乎都在此刻静止

↑隔水相望，是一幅优美的中国青山绿水图景

↓ 局部细密的格栅和深色瓦屋面塑造的东方秘境感

↑↗→ 茶室长廊，隔绝了墙外省道上车马的喧嚣

↑↓ 静院内框景，是安宁、超然的视野
→ 室内交通空间，通过空间的转折，打开了另一幅新的视觉画卷

飞茑集·松阳陈家铺

活在云上，睡在梦里

飞茑集·松阳陈家铺宛如声音和风光的收纳空间，将陈家铺的山与水、虫与鸟、云与月尽收囊中。一期主要是将两栋夯土老房改造成民宿，土墙被保留，内部则做了现代化的改造。

设计团队遵循两条平行的路径开展了工作：

一是对松阳民居聚落的乡土建构体系展开研究，梳理与当地自然资源、气候环境、复杂地形、生产与生活方式及文化特征相适应的空间型制和稳定的建造特征，为保护传统聚落风貌提供设计依据；

二是运用轻钢结构体系和装配式建造技术，植入新的建筑使用功能，以适应严苛的现场作业环境，满足紧迫的施工建造周期，同时提供较好的建筑物理性能。

设计师尝试利用传统手工技艺与工业化预制装配相结合的建造方法，让新旧建筑有机结合，同时在民宿的乡土形式和结构形式上追求完美。

每间客房的设计与选材都很用心，墙面毛石、夯土与轻质混凝土的参差对比，既不脱乡野的天然质朴，又带有现代的时尚触感。吊顶上的木条饰面，卫浴空间的木格栅，平添温柔的乡野气息。最特别的是二楼的悬挑玻璃茶室，三面270度全玻璃设计，视野无敌，因直面深谷，私密性很好。坐在茶室里，人的视野如同飞鸟在林中，周遭都是绿树青山。

飞茑集·松阳陈家铺虽然选址在村落中，但在入户动线上又与村庄有一定的隔离，确保入住客人的私密性。绝大部分客房临于层层梯田之上，透过大落地玻璃，晴时看远山叠翠，阴时看云海翻滚。

项目简介

名称：飞茑集·松阳陈家铺
项目地址：浙江，丽水
主持建筑师 / 项目主创：孟凡浩
设计单位：line+ 建筑事务所、gad
主要设计人员：徐天驹
竣工时间：2018 年 9 月
建筑面积：300 平方米
主要材料：夯土、毛石、轻质混凝土、竹木外墙板、玻璃、铝板
摄影：杨光坤、存在建筑建筑摄影

↑陈家铺的早晨，如仙境一般

选址特色

◎ 浙江松阳陈家铺

松阳县四都乡陈家铺村是个有着 600 年历史的崖居式古村落，是清凉幽静的天然“消夏湾”。整村地势北高南低，房屋依山而建，被梯田、竹林、古树、山峦簇拥，因陈姓先人在此建灰铺养鸭，故名陈家铺。然而当下，陈家铺的村民并不姓陈，而是鲍姓宗族村，源于元末时鲍姓先人从武义县山下鲍村迁徙而来，将村落建在悬崖之上。

这是一个典型的山多地少的小山村，森林植被保护良好，自然风光旖旎秀丽，常年云雾缭绕。近年来，陈家铺的朴素大美，成为摄影和美术写生的乐园。当大家充分认识到“绿水青山，就是金山银山”时，古老山村的价值就即刻被激活了。

↓ 瓦屋面搭配轻钢建材玻璃墙面，在新与旧、虚与实中找寻和谐
↘ 飞茑集·松阳陈家铺在改造过程中保留了原始民居的夯土墙和瓦屋面

← 二楼的悬挑玻璃茶室，三面 270 度全玻璃设计，视野无敌
↓ 在保留建筑原本风貌的前提下对门窗系统进行现代化更新
↓ 应用传统手工技艺修复还原的土墙

↙↓ 客房的墙面采用毛石、夯土与轻质混凝土的参差对比，既不脱乡野的天然质朴，又带有现代的时尚触感

← 客房的外墙大面积开窗，收纳外部山顶优美的风景

→ 坡屋顶下有木条装饰的屋面增强了空间的韵律和亲切可人的氛围

Chapter 3
第三章

Modernist B&Bs

现代主义

现阶段在中国的城市和乡村中，现代主义风格的房子还是占大多数的。现代主义本身具有很复杂的背景，严格地说，现代主义不是一个什么流派。

中国不是现代主义建筑的发源地，现代主义建筑被公认为发源于欧洲，德国威玛的包豪斯学校是它的创始地。19 世纪后期，西方国家第二次工业革命震碎了人类千百年来的文化传统。现代工业和城市化的兴起，令人与人之间的关系越加疏远冷漠，社会变成了人的一种异己力量，作为个体的人感到无比的孤独。在 20 世纪初期的两次世界大战中，西方的自由、博爱、人道理想等观念被战争蹂躏得体无完肤，西方文明被抛进了一场深刻的危机之中，现代主义应运而生。

在 20 世纪的大部分时间里，存在着一个现代主义建筑师的超级联盟，即 4 位现代主义的开山大师——瑞士出生的法国人勒 · 柯布西耶、美国人弗兰克 · 劳埃德 · 赖特，以及德国出生的两位美国人瓦尔特 · 格罗皮乌斯和密斯 · 凡 · 德 · 罗，他们作品的风格分别代表了现代主义的 4 个主要流派，至今仍然被人们瞻仰和传颂。那是一个建筑材料和建造技术因工业革命而发生翻天覆地变化的时代，钢材、水泥、玻璃替代了石材成为主要的建筑材料，建筑的功能至上、装饰简化，一举打破了古典主义建筑在平面和外形上对称的布局。当然，在现代主义建筑萌芽和发展初期，中国的建筑师还只是跟随者。

在这里要说说影响中国艺术民宿的两位国际级大师和他们的作品风格。

弗兰克 · 劳埃德 · 赖特从小生长在美国威斯康星峡谷的大自然

引言

环境之中，这使他感悟到蕴藏在四季之中的神秘的力量和潜在的生命流，体会到了自然固有的旋律和节奏。赖特是草原式住宅理念的创始人，崇尚自然的建筑观，他的作品更侧重于表现建筑材料的本性，充满着天然气息和魅力。同时，赖特的建筑理念深受东方文化的影响，主张在艺术上消除无意义的东西，达到纯净的效果。他的作品多呈扁平匍匐的状态，屋顶出檐深远，基层与大地产生互动，向水平方向延展，被人们称作有浪漫主义情愫的“有机建筑”。

密斯·凡·德·罗坚持“少即是多”的建筑设计哲学，在处理手法上提出了“流动空间”的新概念。他的设计作品中各个细部都精简到不能再精简的绝对境界。密斯的当家设计理论“少即是多”被奉为设计的经典语录，不少作品的结构几乎完全暴露，但是它们在观感上显得高贵、雅致，已使结构本身升华为建筑艺术。由于形式上的精简容易模仿，因此“密斯风格”很快影响了世界各地，也影响了其他领域的设计，被称为“国际风格”。范斯沃斯住宅是十分惹人喜爱的一个密斯的建筑作品。它是 1945 年密斯为美国单身女医师范斯沃斯设计的一栋住宅，1950 年落成。住宅坐落在帕拉诺南部的福克斯河右岸，房子四周是一片平坦的牧野，夹杂着丛生茂密的树林。与其他住宅建筑不同的是，范斯沃斯住宅以大片的玻璃取代了阻隔视线的墙面，成为名副其实的“看得见风景的房间”——这样的设计用在风景区的民宿上，可能是再合适不过了。

安之若宿·山

一座素雅的客栈

安之若宿·山是一家位于腾冲和顺古镇景区的新锐精品民宿，基地一侧是面临闹市狭窄而曲折的山坡，另一侧隐于云天，中间仅由不足几方的细窄坡道维系。

在色彩缤纷的和顺酒店民宿之中，安之若宿·山在外表上采取一种与世无争的姿态，内外纯白的墙面，搭配墨色的瓦屋顶，透着高冷和雅致的调性。民宿建筑沿着山坡向上生长，立面被消解，屋顶覆盖了山坡。卧倒的立面成为人们可以停留、谈论或摄影的街边合院，而不再是一家民宿的简单界墙，内部小街的动线重新唤醒并对接了古镇街巷的脉络。

这条小街扮演着“天梯”的角色，以应对20米的巨大高差，从市井街巷直通云霄，总共133阶，让整个上山的过程充满了“问道”的仪式感，餐厅、酒吧、表演场地、茶台、阅读区、文创区，依次排开，上下相连。时间被纳入场域之中，活动的场景在不断地发生、互动。

在公区中有无边框景大玻璃窗，将山坡上的大棵绿植、山下小镇的景象做成诗意的画作，挂在白墙上，仿佛置身山间美术馆。在这里，无论从哪个角度，都可以拍出大片！

项目简介

名称：安之若宿·山
项目地址：云南，腾冲
主持建筑师：戚山山
设计单位：STUDIO QI 建筑事务所
主要设计人员：赵雨婷、杨萍、刘念非
竣工时间：2019年3月
建筑面积：2500平方米
主要材料：砖混、木构、玻璃
摄影：金伟琦

选址特色

◎ 云南腾冲和顺古镇

坐落于滇西南的和顺古镇，地处国家5A级旅游景区，云南腾冲市腾越镇以西3千米处，被誉为中国古代建筑的活化石。身处中国西南边陲的和顺有着不一般的特色，侨乡、翡翠、火山热海、北海湿地、中国远征军……都是它传奇的经历。这里沉淀着600多年的历史文化，有着历经过多少回沧桑巨变的传统民居。古代和顺先人精于商贸，在这个距离缅甸仅70千米的小镇上，做玉石生意的人最多，还是云南边境“丝绸之路”以及“茶马古道”所经之地，同时先人中也有远走印度、美国、加拿大的，使和顺古镇如今成为中国西南最大的侨乡。镇上的建筑多姿多彩，除了带有中原特色的民居“三坊一照壁”“四合院”“四合五天井”等，还有不少南亚、东南亚风格的建筑。它们映衬在青山绿水的风景之下，水乳交融，和谐并存。

和顺古镇是腾冲具代表性的特色小镇之一。和顺古镇与其他古镇的不同之处就是它的清幽、自然，民居生活较原生态，商业味淡。这里风景如画，山水秀美，古香古色，别致悠闲，走进和顺，就仿佛走进一个世外桃源。

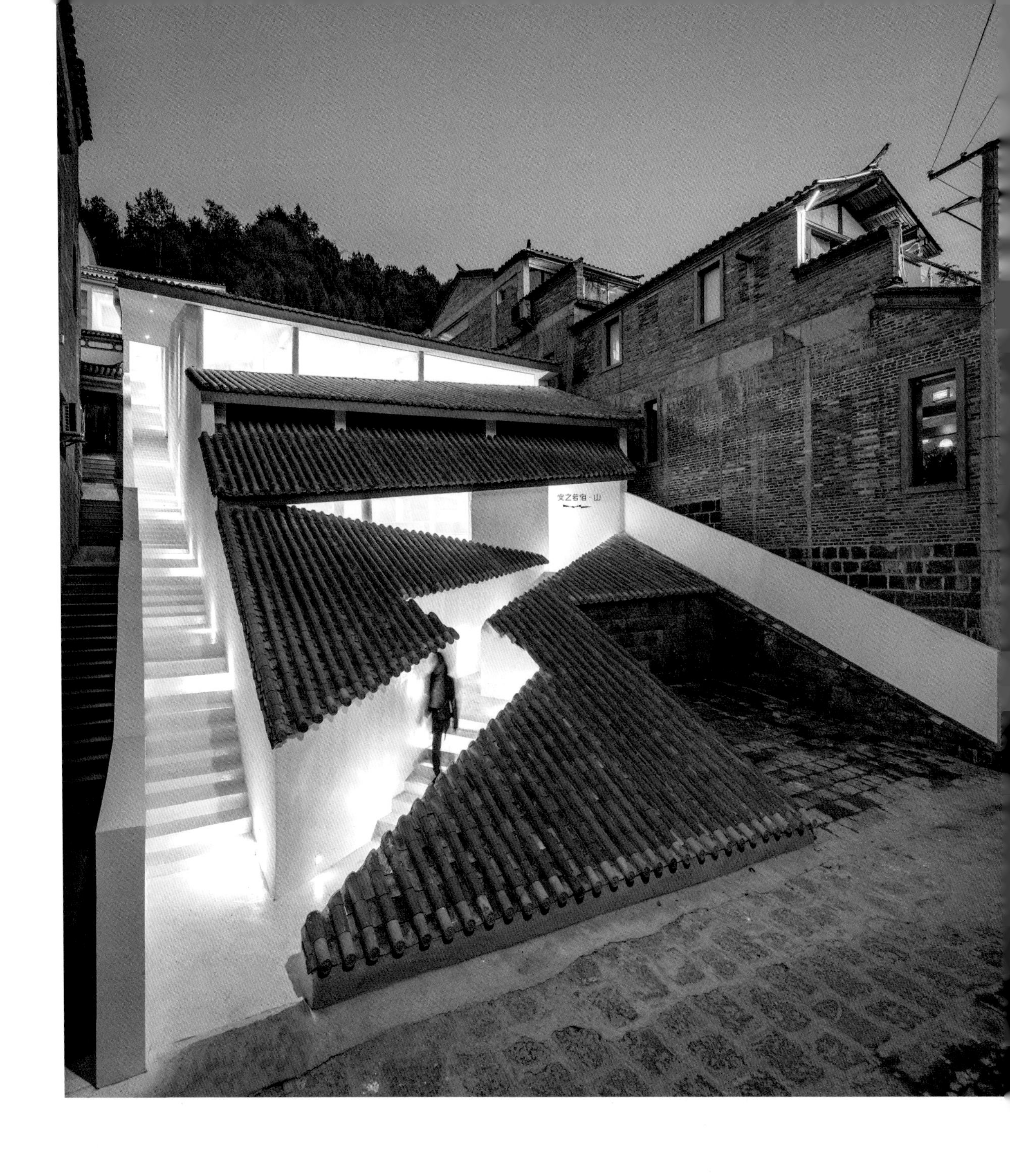

← 建筑与山林结合的2.5维立面
↑ 屋顶既与山坡同在，又被登山步道解构

↓公共区域依附着山体生长，上下相连，自成有趣的空间
↓白色公共交通空间在连接不同场所时开合有致，成为一个个“场域”，便于人们的交往
→拾级而上的活动场景与外部景色在不断地发生互动
↘“飞廊”光影的交错好比山间的一涧溪水

↑公区延伸至最顶端的茶室，整个和顺古镇展现在眼前

←“天梯”一路向上，总共133阶

←一条穿梭于山林间的“飞廊”，也是酒店内游览山景的步道

↗客房9，借助2.5维建筑手法，建造半高矮墙引导身体的挪移和视线的转换

→客房12，巨大的横向外窗展示最佳的景观面

重庆山鬼 Mont Mirage 精品酒店

『嫁衣裙摆』的愿景

这是隐匿在枇杷山后街影视产业园里的一座小而美的酒店。两幢主体建筑原为印刷厂的旧厂房，是带有历史感的工业建筑，虽然破旧，却常常吸引崇尚个性的游客们来摄影打卡。它们顺应地势，高低有序地坐落于坡地之上，直面壮美的长江。

酒店建造的创意结合影视文创及产业园区既有的婚纱摄影业态，意在打造 以“爱情”为主题的美学空间，并呼应重庆山鬼 Mont Mirage 酒店的品牌调性。

薄壳结构与金属幕墙构成的“嫁衣裙摆”创造出开放的服务空间，飘浮为顶，下落为幕，抬升为厅，下沉为梯。同时改造后的建筑依然保留了大部分的老厂房工业遗存，新建的部分如同画布，白净轻盈，与粗粝的老墙面或裸露的水泥梁柱相互对比烘托。此时此刻此地的酒店，印证了中国辩证主义的审美观——山水相依，历史现代交融，新旧文化并存。

对于来到酒店度假拍照的情侣们来说，从繁忙的都市工作中抽离，十指紧扣，深深相拥，伫立在长江岸头静静地看水流，听鸟鸣，酒店大概就是创造了这样一种现代爱情的诗意情境吧！

项目简介

名称：重庆山鬼 Mont Mirage 精品酒店
项目地址：中国，重庆
主持建筑师：林经锐
设计单位：寻常设计
主要设计人员：王坤辉、温馨、吴文权、卢百舸
竣工时间：2019 年
建筑面积：4300 平方米
主要材料：混凝土、钢、金属网、玻璃、外墙漆、大理石
摄影：Tim Wu、赵奕龙、盒子传媒

Per aspera ad astra

↑晨曦中的酒店矗立在长江边，周围就是解放碑闹市区

选址特色

◎ 重庆市

重庆，在很多人的心中有着美好的记忆。它四面环山，依山而建，又因地处盆地边缘，长江的两大支流——嘉陵江和乌江汇合于此，常年雾气朦胧，故而又有“山城”与“雾都”之称。美食、夜景、美女，是重庆的三大名片。重庆的美食种类繁多，重庆火锅享誉世界；无论是立于南山上，还是乘坐长江游轮，山城夜景都非常值得留念；而重庆自古就是产出美女的地方，无论喧闹的解放碑，还是长江码头，都能看到高颜值的小姐姐们在驻足拍照。重庆山鬼 Mont Mirage 精品酒店，就选址在最热闹的渝中区解放碑商业圈，入住客房即可兼得长江风景，更适于驻足拍照。

↑改造前的重庆印刷厂，带着工业时代的沧桑感
↓从对岸看去，酒店就融入山城热闹的建筑群里，非常温馨

Per aspera ad astra

← 酒店入口，白色轻盈时尚的轻钢屋架造型妩媚动人
↙ 夜晚入口的楼梯，夸张的造型辅以彩色灯光十分绮丽飘逸
→ 通往二楼平台的步行楼梯，成为拍照的取景地

↓通往屋顶的楼梯和走廊造型时尚、别致

↑大堂接待区利用了入口处折线形白色屋顶造型，接入时尚气息

↑在中庭休息区，阳光透过天窗在大厅里留下斑驳的光影
↓在屋顶的无边泳池旁欣赏重庆江边的夜色，似乎来到了中国香港

↓多功能礼堂，这白色屋顶真有点“嫁衣裙摆”的意味
↓夜晚的中庭平台饰以微光，营造如童话般的梦境

飞茑集·黄河

用『少即是多』的理念设计民宿

飞茑集·黄河以生态轻型结构“长方体玻璃盒子”的形式呈现，用白色直线勾勒建筑，与之对话的是河岸地平线。四组15米长的通透景观面一字排开，正视无限延伸的黄河沿滩。

每一栋民宿单体建筑均有三面通高的玻璃朝向黄河岸边的景观，墙面精简到仅三片落地窗，试图用最少的结构和最多的通透来争取和自然最亲近的尺度。一面钢化白墙和带有场地自然元素图案的镂空板，既保护私密性，又能通过四季早晚光影的交错变幻连接建筑和场景的视线。

建筑大师密斯·凡·德·罗的现代建筑理念“少即是多”在这座民宿建筑的设计中得到充分的体现，主持建筑师戚山山舍弃传统院落层层包裹、隔离的围合关系，而选择让果园、黄河和腾格里沙漠成为更广阔的院落，让建筑的存在变得微弱、轻盈，甚至消失，即做到真正和自然、场地的融合。

项目简介

名称： 飞茑集·黄河
项目地址： 宁夏，中卫
主持建筑师： 戚山山
设计单位： STUDIO QI 建筑事务所
主要设计人员： 周梦凡、赵雨婷、杨萍
竣工时间： 2019年1月
建筑面积： 400平方米
主要材料： 预制模块、钢材、玻璃
摄影： 吴清山、邓雁升

↑以黄河、沙漠、戈壁、果园为一体的场地概貌，民宿位于河岸线边

选址特色

◎ 宁夏中卫

宁夏中卫，位于银川市西南 182 千米，在腾格里沙漠边缘，又有黄河穿城而过，金灿灿的胡杨林连接着水的灵气与沙的浩瀚。这里是中国西北新兴的"网红城市"。在中卫市民宿最集中的黄河宿集里，特殊的天气与地理环境造就了"生活在别处"的另类自拍和那些有故事的民宿。

↓四组建筑在河岸边依次排开，前后错位

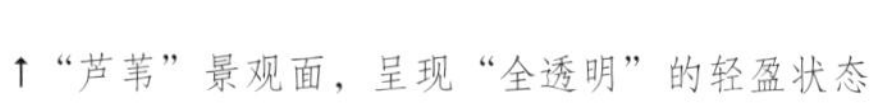

↑“芦苇”景观面，呈现“全透明”的轻盈状态

↑春日梨花掩映下的飞茑集・黄河

↑建筑入口契合“工业时代”的设计潮流，有可以入画的极简风格
↓“飞鸟”直面杨树林的一侧，在夜晚点亮灯光时就像“光之几何”展览

↓“枣树”建筑入口面，灯光透过镂空板留下树影

↑“站着”的状态区域，建筑中部的洗漱空间和过道
↗“坐着”的状态区域，透过通高的玻璃外墙，室内外的视觉空间得到延伸
→“躺着”的状态区域，室内外视觉空间情景交融

松楼

摄影与民宿

松楼周边的自然环境非常优越，它处于风景秀丽的阳羡生态旅游度假区的龙池山风景区之中，不仅在建筑基地四周有郁郁葱葱的竹林围绕，远眺外围还能观赏到群山和农田，延续着几千年沉淀的诗意与惬意。

隐匿在竹林中的松楼借景于自然，又融于自然。同时，身为摄影师的业主希望自己的摄影作品能与民宿形成相得益彰的效果：既有装点空间的艺术性，同时也灌注作者的艺术修养，使得民宿更具有鲜明的个人特色。

很多人喜欢松楼仅仅是被它的风格吸引，简单温馨不造作，感觉它是在龙池山里藏着的一块休养性情的宝地。松楼通体呈现简约的白色，通过长方体在形体上的穿插组合，建筑的外形呈现出退让或出挑，不仅丰富空间类型，获得更多富于光影变化的灰空间，还能保持整体纯粹的建筑形式。最终让建筑融入这片绿意中，令建筑、远山、竹林、流水共同构建出现代人所向往的诗意栖居。每当微阳淡淡地照着时，它宛如一幅浅色的图画。

项目简介

名称：松楼
项目地址：江苏，宜兴
主持建筑师：黄迪
设计单位：平介设计
主要设计人员：孙雪怡、张晨、肖明峰、蒙珉珉、肖湘东、杨楠
竣工时间：2020 年
建筑面积：700 平方米
主要材料：混凝土、砌块
摄影：姚杰奇

↑ 四层体量的白色建筑与周边环境形成协调的搭配，显得和谐不突兀

↗ 纯白的建筑形式，经过光影的雕琢显得更加立体和纯粹

→ 窗、阳台、玻璃隔扇等具有连接建筑与景观场景功能的构件，成为让室内与室外、人与自然、建筑与自然互联互通的重要手段

选址特色

◎ 江苏宜兴

宜兴是个文艺范儿十足的城市，不仅河流湖荡密布，而且宜兴的气候正如它的名字一般，温润平和，舒适宜人，竹子、松树、杉树等山林树木在这里长得十分繁茂。

宜兴人自古勤奋好学，宜兴培育出不少知名学者、文化名人。母亲教导孩子要耕读传家、孜孜以求。就在这个不大的小城市中，先后出了 4 位状元、10 位宰相、400 名进士和当今 25 位院士、100 位大学校长。

宜兴是中国著名的陶都，7000 余年的制陶史孕育丰厚独特的陶瓷文化。古朴典雅的紫砂、苍翠如玉的青瓷、端庄凝重的均陶、美观耐用的精陶、风姿绰约的美彩陶，被誉为宜兴陶瓷艺术的“五朵金花”。

↑ 公共区域低调朴素的原木材料是室内设计的重要元素

→在垂直交通核中，屋顶穿孔板和纱帘遮阳，产生朦胧的视觉效果

↓ 在二层和三层布置 7 间独立的客房，每一间都拥有良好的观景视野，与自然亲密互动

↓客房落地窗，如同摄影中的取景框让客房内部实现对自然景色的最大化吸纳

←↓ 倒影和白色建筑之间相互映照，水面把一片安静的景致带活了

↑人造庭院的园林小品和微景观处理，最终让建筑融入这片绿意盎然的建筑、远山、竹海、溪流中

青年旅社

工业风与城市意象

凯文·林奇在《城市意象》一书中提出，居住在同一座城市中的居民对城市的认知有着极大的趋同性——城市的道路、边界、区域、节点、标志物等，构成了居民脑海中城市意向的关键要素。在通州，随着北京城市功能的转变，城市的工业职能被疏解至河北，一批工厂搬迁出去。同时，留在通州区的人，其中有不少城市工业化、逆工业化的亲历者，对20世纪四五十年代通州的工业生产遗址都有难以割舍的记忆。

青年旅社由一栋二层的砖造锅炉房及旁边一块12米见方的小空地改造而来，甲方要求保留砖造房，提供200个床位，并满足相关附属设施——新建一座青年旅社。

设计延续锅炉房的记忆，在老建筑中植入三层的钢结构骨架，确保结构安全和顶部采光，在新建筑中心植入一个大壁炉，贯穿三层楼直达屋顶，并用玻璃砖外墙与旧建筑呼应。

青年旅社新旧建筑的虚实墙面对比，红砖与玻璃砖材质的对比，让建筑的视觉冲突成为亮点。红砖的保留示意一个老厂房建筑的重生，而玻璃砖的使用则让人感到走入一个飘浮的“透明盒子”。

项目简介

名称：青年旅社
项目地址：北京，通州
主持建筑师：蔡宗志
设计单位：法惟思（北京）建筑设计咨询有限公司
主要设计人员：张翩
竣工时间：2018年6月
建筑面积：1930平方米
主要材料：红砖、轻体砖、玻璃砖
摄影：夏至

↑业主建议保留旧建筑是基于对旧砖造建筑的喜爱，除了作为青年旅社的新功能使用外，让设计师觉得更有趣的课题是是否能在未来的设计中反映出它原来旧建筑的历史与功能的痕迹

选址特色

◎ 北京通州区

通州区位于北京市东南部，是世界文化遗产京杭大运河的起点。京杭大运河始建于春秋战国时代，隋朝完成，后经元、明、清三朝不断修整，在当代又成为拉动全国贯通经济动脉的“南水北调”工程，是中国南北地区之间协调经济、文化与交流的重要纽带。2015年7月，根据《京津冀协同发展规划纲要》，通州正式成为北京市行政副中心。这就意味着，北京市政府将从现在的东城区向东搬至通州区，带动约40万城市密集区的人口至通州。北京城东南部的通州区，将迎来今后若干年快速发展的机遇。

↙户外逃生钢梯与原有锅炉房在工业风格上的呼应
↓玻璃砖外墙透出室内楼梯的影子
↓玻璃砖细节设计，增加自然采光，让外墙面变得“通透”

↑ 在新建筑中心植入一个大壁炉，贯穿三层楼直达屋顶
↑ 大壁炉烟囱让每一位旅客在进屋的瞬间感受到空间的温暖
↗ 圆形空间挑空区，让多种功能的空间自然地过渡与衔接

↑玻璃砖外墙内部的植栽摆放区

↑↓ 接待大厅与大壁炉形成的内部建筑空间核心

↑三层多功能区顶部增加了圆形天窗采光，精巧的结构杆件连接和组织形式，让建筑的工业感爆棚

↑三楼客房的走廊使用钢结构采光天窗
↗房间大门，色彩的组织提高了辨识度
↓住宿区走廊，搭配高彩度与亮度的颜色来区分不同的楼层房间

松赞·来古山居

在世界屋脊度假

松赞·来古山居位于海拔 4200 米的世界屋脊，也是西藏高海拔地区第一家高品质的度假酒店。

在这样不利的环境条件下，设计建造方案存在两方面的难度：一是要面对在 4000 米海拔高度以上无法现场进行室内施工的僵局；二是设计还应尊重和保护喜马拉雅地区最古老的村庄——来古村。最终，所有酒店公共区域和客房由 43 个单独的模块在上海建构完成，客房大面积安装通高的三层 low-E 落地玻璃窗，最大限度地呈现大自然的壮丽。

运输、吊装、施工，通过无数人的努力，松赞·来古山居诞生在一片曾经人们难以企及的土地，和冰川湖泊一同呼吸、成长，这来之不易的得到背后，是建筑团队沉默而伟大的付出。

松赞·来古山居镶嵌和隐藏在一座陡峭高耸的悬崖之上，面对村庄一侧，只露出地表面一层高的房屋，作为赋有亲和力的入口，和村庄融为一体，不去打扰村落原本的宁静。而另一侧则直面无比壮美的来古冰川，两层客房和公共空间（包括餐厅、阅读室和咖啡吧区域）都采用通高的落地窗，以便最大限度地欣赏壮丽的冰川湖景和湿地。

项目简介

名称：松赞·来古山居
项目地址：西藏，昌都
主持建筑师：戚山山
设计单位：STUDIO QI 建筑事务所
主要设计人员：骆丽贤、方倩倩
竣工时间：2019 年 6 月
建筑面积：2500 平方米
主要材料：砖混、木构、玻璃
摄影：白玛多吉、戚山山

↑建在冰川场地上的来古山居，白云如画，天空高远
→松赞·来古山居，背景是皑皑的雪山

选址特色

◎ 西藏自治区昌都市八宿县

昌都市地处横断山脉和三江（金沙江、澜沧江、怒江）流域，位于西藏东部，是川藏公路和滇藏公路的必经之地，是自古“茶马古道”的要地。

昌都平均海拔在3500米以上，空气稀薄，日温差大，气温偏低，是康巴文化的发祥地。昌都素有“藏东明珠”的美称，在特有的红土地上，孕育出高原上少有的丹霞美景。零星的藏房散布在红彤彤的土地上，经幡纷飞装饰了凡间的天堂，景色大气，藏风淳朴。

↑餐厅朴拙的实木装修，与窗外壮美的雪山应景

↑↓ 书房配有藏式格调的实木家具

↑← 窗外是奔流不息的大川，窗前白色餐桌上是茶水和点心

↓从客房中抬眼就能看到美丽的风景，窗前是白色尖顶的雪山，山坡上有绿色草甸铺着的牧场

张家界马儿山·林语山房

寄情山林

张家界马儿山 · 林语山房（又名燕儿窝）被远山近林环绕，保留“犹抱琵琶半遮面”的隐秘感。建筑的外观亲切诗意，它和当地很多民居一样，用毛石、土砖、水洗石、水磨石、青砖、小青瓦，这些既施工简单又价格亲民的建材，将人与建筑之间的某种情感、寻找与感知寄托于山水自然。

一层接待大厅是一个横向展开相对低矮的空间，压缩了视觉和体感。从接待厅穿过竹格栅连廊便来到客房。客房内环境古朴，视野开阔，村子的田野景观和远山都能引入客房，不同季节入住会看到田地里不同颜色和种类的作物。

一体化的设计实践，涵盖策划、总体规划、建筑、室内、软装、景观、灯光、结构、水电暖、智能、标识导视等全专业、全系统、全过程的整体设计，不但降低了成本，加快了进度，还实现了室内外风格的连续性，呈现出完整统一的效果。林语山房塑造了一方物质的世界，也建构起悠然自得的精神世界。

项目简介

名称：张家界马儿山·林语山房
项目地址：湖南，张家界
主持建筑师：陈林
设计单位：尌林建筑设计事务所
主要设计人员：刘东英、时伟权、陈松、陈伊妮
竣工时间：2020 年 8 月
建筑面积：1200 平方米
主要材料：木模混凝土、非洲柚木、毛石、青砖、土砖、小青瓦、水磨石、水洗石、合成竹
摄影：赵奕龙、吴昂

↑ 南侧鸟瞰民宿与远山的关系

选址特色

◎ 湖南省张家界市

张家界在 20 万年前就有人类生活的印记。如今，它是中国重要的旅游城市之一，是湘鄂渝黔革命根据地的发源地和中心区域。

张家界风景秀美，天下闻名。很多令人记忆深刻的中外影视作品，如《阿凡达》《西游记》《捉妖传》等均在此取景拍摄。1982 年，张家界成为中国第一个国家级森林公园；1992 年，由张家界国家森林公园等三大景区构成的武陵源自然风景区被联合国教科文组织列入《世界自然遗产名录》。

马儿山村是张家界美丽乡村的典范，离张家界主城区约 25 分钟车程，相较于张家界景区，这儿的山虽不是奇峰，却也林木葱茏，加上零星散落于山坡田野间的民居，别有一番野趣。

↓架在石坎上被看全的东立面
↓从西北侧仰看民宿

↓傍晚从银杏林看向民宿
↓民宿主入口的夜晚场景

← 建筑南侧阶梯水洗石、毛石墙、竹格栅的关系
↙ 东侧现浇出挑的体量和阳台
↓ 主要材料

← 横向延展的接待大厅空间
↙ 早餐厅对应的水吧和竹林
↙ 树林的光影投到休闲空间中
↓ 轻盈通透的钢结构楼梯空间

↙ 架空的室外空间，现浇混凝土裸露
↓ 细密格栅界面的连廊通道

↑连续断框画幅远山框景

↓有内部悬挑楼梯的亲子客房
↓横向看山的框景，空调藏入墙体壁龛

← 民宿的客房入户廊道
↙ 土砖墙与空间中高差台地关系

↑ 大套房横向延展的空间布局
↙ 相对独立的套房休闲空间
↓ 屋顶木结构裸露的客房空间

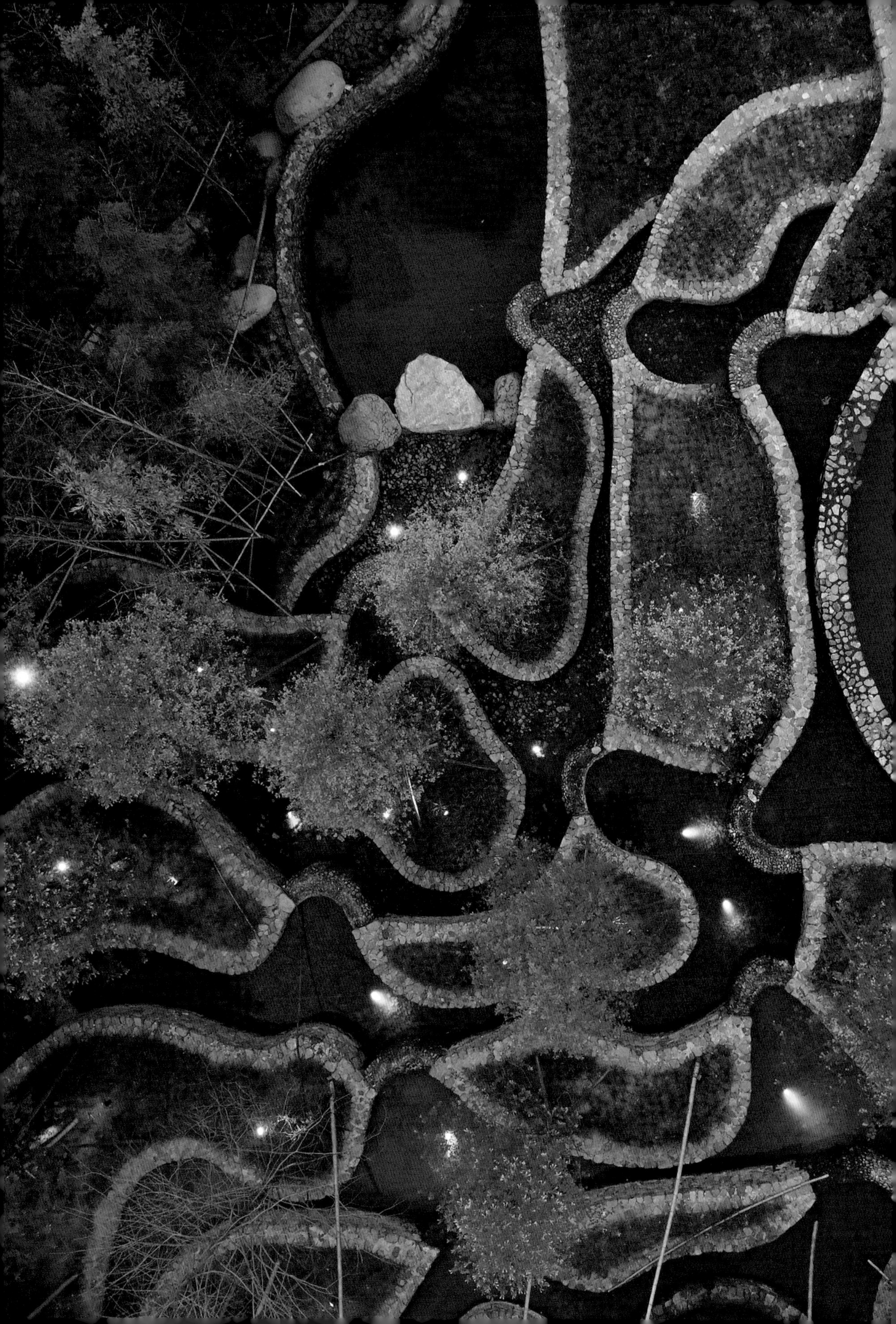

Chapter 4
第四章

Secluded B&B Resorts
归隐出世

中国人是很讲究谈人生境界的，关于对“凡世”“红尘”的看法，就有“出世”和“入世”之争。作为中国古代哲学思想的两大门派，儒家提出要积极“入世”“治世”，道家提出要“出世”“解脱”。这是古代读书人的两种截然不同的人生追求，显然儒家思想的正能量满满，人要修身齐家治国平天下；但道家的归隐哲学强调的是在乱世之中要道德高尚，独善其身，给人志存高远的感觉。因此，所谓看破“红尘”，归隐出世，居住在山中的隐者，都让人产生一种神秘浪漫的联想。

中国文人从清高的理想主义的隐逸精神，后来自明中叶以来发展成为江南才子心态。中国园林，在江南兴盛了500多年，以自然为园后来发展成为一种自然的异化物。苏州园林的定位便是归隐，是当官者被贬，当权者下野，年长者告老，智者急流勇退之地。苏州园林是造城市里的山林，要把山搬进城就造假山，要把江河搬进家就开河挖沟。因此，苏州人又把园林戏称为“假山假水城中园”。

隐者，是“欲洁其身”的个人主义者，大多离群索居，遁迹山林。在物欲横流的世界里打拼，累了，困了，是不是会怀念在某个地方专享自己的慢生活呢？诗意而温柔的隐世哲学，赋予艺术民宿一种人间渴望的调性。

民宿

引言

归隐出世型的民宿酒店常常在视觉上是不折不扣的INS风：比如莫兰迪色系，还夹杂着一些工业性冷淡风，简洁唯美的环境氛围，连茶杯餐具都是统一套系极简风格的设计。这种酒店本身常常就被视作一个多角度的摄影基地，它们有时不仅免费为客人提供拍照的服装，以及空镜一般的取景地，就连酒店的早餐也有必要早起打卡一下，不仅有网红式的时尚包装，还非常好吃。

一座以“少即是多”为理念设计的民宿，也许瞬间就能招人爱、可人疼。在北京、上海这种体量的巨型城市里待惯了，人会非常渴望去找一个小城的民宿过慢几天生活：以最快的速度就可以吃到想吃的街边摊，见到想见的人，打卡想逛的店。人的物欲在那里被降到最低，只保留最基本的那几项，生活也因此变得通透、澄澈了很多。这可能就是归隐出世的魅力吧！

杭州富春开元芳草地乡村酒店

画中的酒店

杭州富春开元芳草地乡村酒店位于富春江畔的乌石滩，面朝富春江，背靠大山，丰富的自然环境意味着建设用地的多样性与复杂性。不突兀、不呆板是酒店设计之始对建筑形态的期望，道路顺应现状地形，尽量避免陡坡。采用吊脚楼做法，在做完独立基础后，上部建筑用轻钢现场组装，大大减少现场土方工程和湿作业。

在大自然中建设开发，生态保护是永恒的主题。建筑的介入让整个生态再平衡，而人的介入，让富春山水走向富春山居。从建筑的意境上讲，酒店有“风流”的个性。“风流”来自自然，荡漾着“清风”和“流水”，强调建筑在大自然中的介入和生长，包括在建筑过程中强调的对场地地貌和生态的保护和利用。

跟一般建筑不同的是，生在富春江畔的酒店在大部分情况下不再是风景里面的主角，它需要强调建筑与环境的有机融合。人们并不是去大自然中看建筑，而是建筑已在风景之中，它需要为场地内的原生树木让路，现场500多棵大树均予以保留，有些成为建筑庭院和露台的一部分。

行到水穷处，坐看云起时。漫步其中，建筑、树林、江湖，溪流、明月等元素都能在步移景异中轻松构景成画，而人则在山水中栖居——在建筑中积极融入地域文化和挖掘场所特性，强调对其中的片段、场景、意境的提取，由此触发创造新的生活场景，即为诗情画意的创造。

项目简介

名称： 杭州富春开元芳草地乡村酒店
项目地址： 浙江，建德
主持建筑师： 陈夏未、柯礼钧
设计单位： 中国美术学院风景建筑设计研究总院有限公司
主要设计人员： 金拓、王凯、虞光洁
竣工时间： 2018年1月
建筑面积： 19000平方米
主要材料： 钢筋混凝土、钢材、木头、玻璃
摄影： 施峥

↓秋色满眼，金谷繁华，平湖佳丽
→静卧于江水上的酒店

选址特色

◎ 浙江杭州建德市

建德市地处浙江省西部，钱塘江上游的杭州—黄山黄金旅游线的中段，境内古迹众多，江、湖、岩、洞、瀑、雾等自然景观丰富多彩。建德市境域水系属钱塘江流域，有新安江及其支流寿昌江和兰江、富春江 4 条较大河流及 38 条中小溪流。境域山地和丘陵占全市总面积的 88.6%。酒店就位于山川秀丽、风景如诗的富春江畔。

这里是一幅中国人心中理想的山居图，造房子，其实就是造一个小世界。在中国传统文人的心里，人的居所在世界中所占的比重并不大。所以，在中国画里的庐舍是小小的，周围的山水和天地是广大的。

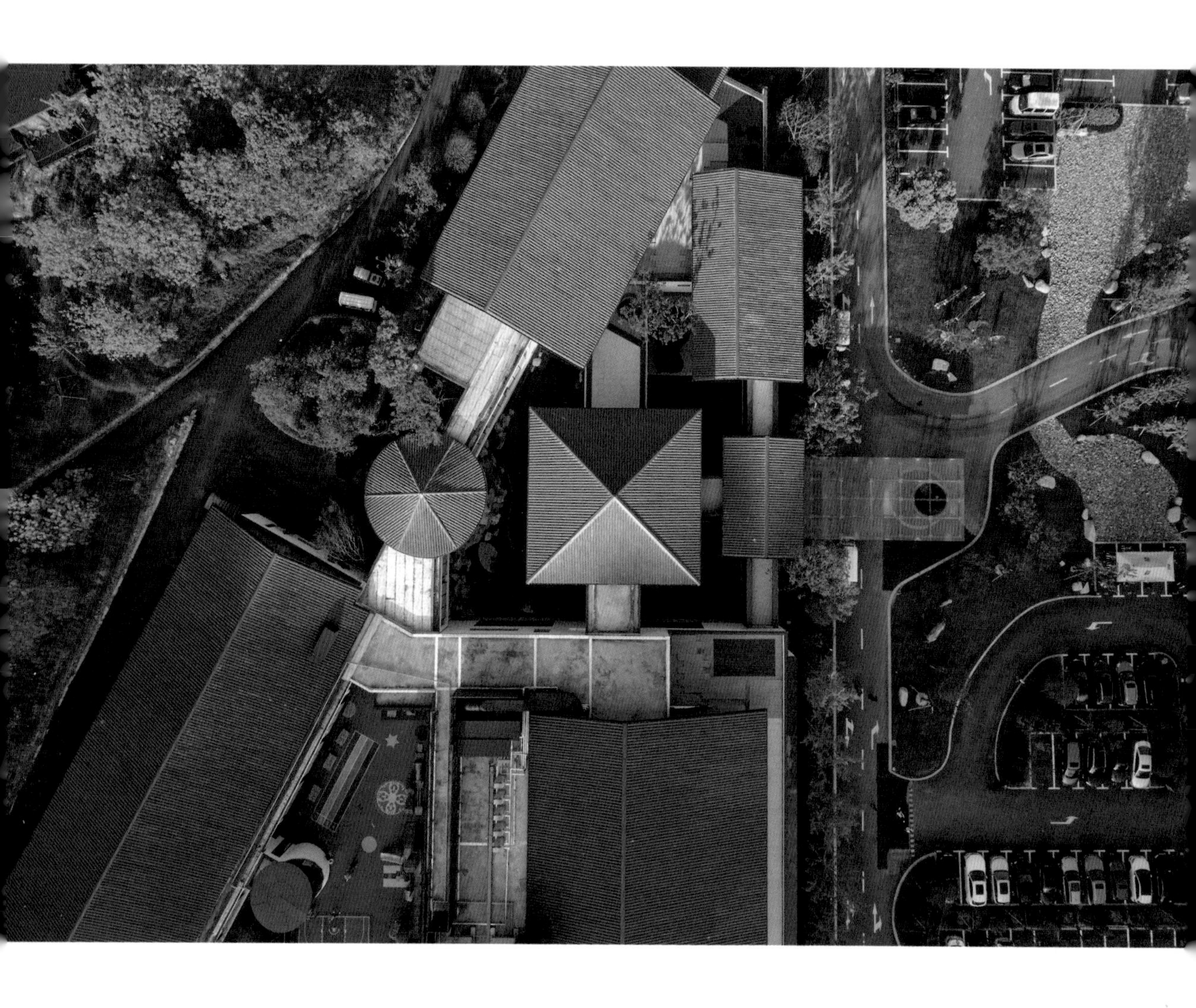

↑主楼总平面俯视

→ 山上客房，散落在树林中
↘ 山上的客房笼罩在薄雾中，当住客们晨起时，常常有超脱于尘世的幻觉

← 客房重构场地环境，随等高线自然生长

↑ 主楼局部的柱廊
↑ 主楼主入口，是非对称的写意风格

↑主楼庭院内景，波光倒影，清澈灵动
↓山景客房室内，落地玻璃窗将满山的翠绿收入眼帘

松赞·波密

冰川下的房子

松赞·波密位于国道一侧的古乡村中，依山而建，也被称为“藏上江南”，是西藏海拔最低的地方。松赞·波密采用“地毯式”建筑（“地毯式”建筑起缘于二战时期的维也纳，建筑层层相连，好像覆盖在地毯上一般）的形式排布，层高也较低，建筑群以分级庭院的形式来灵活适应山势的自然高差，保护原生景观。

松赞·波密有60多间套房，公区有特色餐厅、书吧、精品店、会议室兼禅修室、SPA健身及户外泳池，是现代建筑的形式设计，追求空间的宁静、私密和宽阔的视野。眺望窗外，你能看到古乡别致的夏天。蜿蜒流淌的古乡湖，远处是青葱的杉林，森林之上便是绵延不绝的雪山背景，高高低低。户外配有休息区和室外游泳池，整个度假氛围浓厚，自带雪山背景的游泳池还是很让人欣喜的。

松赞·波密与周围的自然环境融合共存，群落建筑原来的大型体量感被消隐，像土地里生长出来的一棵树，一块石头，有着不矫揉造作的淳朴。松赞·波密是回归自然，这儿，只需要充满阳光、空气和大地。

项目简介

名称：松赞·波密
项目地址：西藏，林芝
主持建筑师：戚山山
设计单位：STUDIO QI 建筑事务所
主要设计人员：方倩倩
竣工时间：2020年
建筑面积：11000平方米
主要材料：混凝土、石材、木材、玻璃
摄影：金伟琦、白玛多吉、马晗

↓ 松赞·波密如村落般的存在
→ 松赞·波密整体形象
↘ 松赞·波密泳池

选址特色

◎ 西藏自治区林芝市波密县

波密县是西藏自治区著名的商品粮产区，并出口松茸、羊肚菌等藏区特有的农产品，波密境内的海洋性冰川十分壮美，有著名的卡钦、则普、若果、古乡等冰川，被誉为“冰川之乡”。清明时节雨雪之后更显清新，居民院落和乡野间桃红柳绿的景色随处可见。每年春天，来自印度洋的暖湿季风沿雅鲁藏布江深入帕隆藏布河谷腹地，细雨桃花，迷雾森林，清流滥觞，白云幽游，雪山耸立。6 月，波密的高山杜鹃和报春花同时盛放开在周边的牧场，“上帝的后花园”之称一点也不为过。

←↓ 松赞·波密主楼公区书吧

↑ 松赞 · 波密室内
← 餐厅窗外的景色，是自然的画作

↓松赞·波密室内

↙↓松赞·波密室内

安生斋居

故乡的记忆

田园乡村是根植在每个中国人心底最深刻的浪漫。这种“浪漫”在因城乡差异持续拉大而造成的现实渲染下，越发强烈。“永远回不去的故乡”，是现代人心中的遗憾。在喧嚣嘈杂的城市生活中，土地资源稀缺而昂贵，若能在田园间拥有一处宅院，与清风朗月为伴，与志趣相投的好友置酒言咏，真的是“终日不倦”。

安生斋居曾是一个家族的乡土记忆。

它源于 1898 年由主人周安生耗费 15 年修建的老宅。百年后眼见祖宅日益破败消逝，遍布海内外的周家子孙决议重新修葺年久失修的旧居。改造设计以“自然营造”为策略，不增加场所体量及装饰，尽量减少对环境和乡民的生活影响，对保存完整的徽派风格老墙及穿斗式木结构进行复原修葺，对坍塌严重部分引入新结构，使老建筑与新结构交相呼应。

空间的划分组织依然沿用旧有“三进三出”的合院布局，中轴线对称分列，面阔三间，中间为厅堂，两侧为厢房。修葺保留并修复原本的门头，高墙封闭，马头翘脚，墙线错落有致，粉墙黛瓦，端庄雅致。特别是入口处门头的形象，那种黑白比例的推敲，简练而精致的翘脚屋檐细节，只能在工艺美术的范畴里寻找了。

2021 年，安生斋居正式成为民宿开业。在携程网上有游客写下“一看便知是大户人家的宅院，正门种有 600 年的朴树，100 年的柿子树，3 棵名贵的金钱松，后院有梅花树、杉树、桃树……在优雅的宅第旁还配有珍贵的园林绿植”。

项目简介

名称：安生斋居
项目地址：浙江，湖州
主持建筑师：陈潇、李志强、许异、高善通
设计单位：予舍予筑
主要设计人员：李娜、毛莉丽、陈鹏、郁浩艳、马江、陈静峰、庞迪、梁修柱、赵西康
木结构深化设计及施工：上海隽执建筑科技有限公司
竣工时间：2019 年 11 月
建筑面积：1202 平方米
主要材料：青瓦、原木、陶瓦、艺术涂料、灰砂砖、青石板、木饰面、玻璃等
摄影：Fancy Image

↑俯瞰安生斋居的宅院，位于群山脚下

选址特色

◎ 浙江湖州

湖州是一座具有二千多年历史的江南古城。

湖州群山逶迤，奇峰异石繁多。它东临嘉兴，南接杭州，西依天目山，北濒太湖，与无锡、苏州隔湖相望，是环太湖地区因湖而得名的城市。同时，这里不仅有秀美的江南风光，更是人才辈出的好地方。湖州是中国蚕丝文化、茶文化、湖笔文化的发祥地之一。元代书画家赵孟頫、近现代书画大师吴昌硕等均是湖州人。莫干山、安吉竹博园、太湖、顾渚山茶园等均是人们喜欢的踏青休闲之地。

↑精致秀美的徽派墙头，粉墙黛瓦

↓安生斋居入口，对称式的布局显得十分大气，背景山峦的主峰正落在院子的主轴线上，符合“风水学”选址理论

↖ 端庄典雅的大堂前，是两侧对称布置的水池庭院，形成建筑布局上“虚与实”的对比
↖ 庭园对树木和水景的配置十分讲究，水池正中的松树落影在白墙上，似一幅讲究意蕴的国画
← 院落与房间的空间结构，层次分明
↑ 廊道增加了庭院景观在层次和通达性方面的效果

↖ 大堂用玻璃幕墙增加通透性，让庭院的四季变化尽收眼底
← 大堂内部空间采用穿斗式木构架，是以现代木结构的方式建造的，但室内氛围是古朴的
↑ 客房内部是新中式风格，木板拼接地面，白墙做底，屋顶的木条装饰和木格栅隔断墙让室内基调充满古韵

重庆拾山房精品酒店

乡野民宿

设计的语言并非一定是某种具体的风格描述，每个空间的建造都是为了在一个特定的场所，实现特定的功能。

临崖而建的重庆拾山房精品酒店是一座乡野主题的酒店，采用分散围合的方式，布局在将军湾村的坡地之上。作为客房的主体建筑，临悬崖布置，让水平宽大的观景平台从茂密的松林间向层层跌落的梯田山谷伸展开来，把云海、松林和梯田这三个自然要素有机串联起来。

为了实现野趣漫游体验的特色，酒店在建造技术上运用了土墙的元素进行创作，对西南地区农房常用的夯土技术进行实践探索。把运用传统技术的人工土墙、借助现代模板技术的新型土墙和装饰层面的抹泥外墙有机地结合在建筑和环境的建造技术当中。为传统土墙技艺的继承与发扬进行了有益的探索。

依山而立，临崖而建，在云海深处隐约地潜藏着“修炼成仙”的味道。重庆拾山房精品酒店如同一个中式民宿的魔盒，它建在令人向往的云海之巅，看得见日出的气势磅礴和日落的赤朱丹彤，将诗和远方酿成山城之外的一个最理想的“归隐出世”的世界。

项目简介

名称：重庆拾山房精品酒店
项目地址：中国，重庆
主持建筑师：李骏、何飙、田琦
设计单位：重庆悦集建筑设计事务所
主要设计人员：胥向东、王源盛、吴猛、王月东
竣工时间：2019年
建筑面积：2200平方米
主要材料：混凝土、夯土墙、钢、木
摄影：偏方摄影、李骏、田琦

↑ 俯瞰云海松涛，仿佛是一个虚幻的梦境

选址特色

◎ 重庆巴南区

巴南区位于重庆市主城南部，地处长江南岸丘陵地带，亚热带湿润气候，四季分明，地质地貌形态多样。巴南境内水系众多，主要河流属长江水系，五布河、花溪河、一品河、渔溪河、双河等河流，水资源丰富。因此，巴南地区植被茂盛，孕育了东温泉、南温泉、云篆山、圣灯山等知名的风景旅游胜地。

拾山房酒店位于重庆巴南乡村海拔近 800 米的台地之上，用地背靠松林、面向梯田和悬崖，属于典型的西南山地丘陵地貌，环境优美、视野开阔。临崖云海、茂密松林和层层梯田赋予了项目独特的景观资源。

↑悬崖视点看酒店，像是一个脱离尘世的“乌托邦”
↓梯田视点看酒店，剪出天际的轮廓

↑酒店入口，建筑低调地隐匿在山林后面

↓日出时在露台，可以安静地独享清晨的风景，相比不远处重庆的都市生活，此刻是奢侈的
↓在宋人山水画的巨视观里，以大自然本身为园，山中的房屋是小小的，正符合了道家对园林的神仙之说。那么就在酒店室外的无边泳池里，来个仙女洗浴吧

↑在夯土墙与混凝土屋顶装饰的接待厅，气氛开放而空寂，舒适而安稳

↓走廊

↓装修朴素酒吧，去掉华丽，留下本真的色彩

安吉尔庐精品度假酒店

竹林会友

安吉尔庐精品度假酒店居位于浙江省湖州市安吉县天荒坪镇港口村陶子坑一山路处，此处山川被竹林覆盖满目翠绿。尔庐是与好友茶闲之余的梦想。一亩山林，一处小庐，一杯茶或一壶酒，各自取乐，轻松暇意。

酒店的场地比较陡，正面被山泉阻挡，设计故意就把入口放置在建筑的后方，既保证了私密性又可利用地势在场地外构筑一个层层叠叠，趣意盎然的自然水系。

建筑由两个方盒子交叠而成。一层建筑是覆土建筑，以洞穴形式展现，由三个灰空间与两个玻璃室内空间构成。建筑的形象自然舒缓地匍匐在草地上，利用原有的一处涌泉改造围绕，植被提取场地原有的水杉作为铺垫，远处竹林环抱，塑造“顺应自然”、依山就势的澄然之境。外墙由毛石砌筑，追求自然天成和轻奢简练的外在特征，让尔庐酒店以“朴实平凡”的样貌，掩映在山中的树林里。

一切就这样曼妙地开始，自然、轻松，不留痕迹的让人感受到处处安排的精细。尔庐是三俩好友相约逃离现世生活的一种叛逆归隐之所，心无芥蒂，一扫尘世缘。

项目简介

名称：安吉尔庐精品度假酒店
项目地址：浙江，湖州
主持建筑师：黄志勇、马列
设计单位：中国美术学院风景建筑设计研究总院有限公司
主要设计人员：林燕华、丁田亮、梁章孟、黄晓峰、杨建、王杰杰、吴艳华、黄晓松、邵梦迪
竣工时间：2018 年
建筑面积：1103 平方米
主要材料：石材、钢材、木头、玻璃
摄影：施峥

↑ 俯瞰庭院中经过设计疏导的、层层叠叠的自然水系

选址特色

◎ 浙江湖州安吉县

安吉是浙江省北部一个依靠生态特色发展的县，有“中国第一竹乡”“中国白茶之乡”“中国椅业之乡”的美誉。它位于中国长江三角洲经济圈的几何中心，到达上海、杭州、南京等大城市都十分便捷。同时，这里气候宜人、光照充足、空气清新、水体质量优良，属于亚热带海洋性气候，是毛竹、白茶和高山蔬菜的重要产地，自然条件加上地理优势，促成了这里旅游资源发达，大量民宿应运而生。

↓冬天雪后和夜色下的尔庐花园，一个是冬天的童话，一个是星光下的梦想

↑夜色下的尔庐，灯光透射而出，温存着山村的静夜
↓酒店接待处形成光影过渡的暧昧灰空间

↓在酒店接待处回望建筑主体，伏于地面的建筑低调、自然
↓竹林里的酒店，与清风明月为伴，那是东方细腻温存的诗意

↑ 尔庐酒店的亲子房里，有个竹编的吊篮
↓ 主题客房——竹系列，面朝竹海的落地窗，将室外的优雅变成墙上的画

↓ 主题客房——山系列

隐世叠院儿

隐于闹市的三进院

隐世叠院儿的中文名字起得很有意思，英文更妙，没有比“Hutel”更能一语中的地诠释它的特质了：到传统的“Hutong”里住一回新潮“Hotel”。

隐世叠院儿隐藏于北京前门附近的一片传统商业街区之中，原建筑是一座颇具民国特征的四合院商业用房。它从外表看就像是胡同里一间普通的院子，但走近院门，在竹林后面似乎藏着一个意想不到的小秘密，一个安静和谐的大世界。

隐世叠院儿的设计师将原本的内合院改变为“三进院”：这样的三重叠合，逐层递进的空间布局，使建筑的功能从公共到私密逐级过渡，令人由此产生 “庭院深深”的印象，利用院落的逐层过渡在喧闹的胡同街区之中营造出宁静、自然的诗意场景。

与第一进院进餐区尽可能保留原有木梁柱结构不同的是，第二进院是新建的单体，这里的公共休闲区出人意料地采用了未来感十足的不锈钢、反光板、透光砖等材料，通过大面积的全透明、半透明或雾化玻璃以及镜面和折角处理，营造出轻盈通透、光影交织的奇妙感。第三进院是客房区，更好地诠释了“隐于市井”的主题。一楼四间、二楼三间，一共七间客房中裸露着高大粗犷的原木横梁和天花板，沉淀着四合院传统的气息，原木色与纯白色的色调搭配，则传达着轻巧随性的现代感。

设计师为艺术民宿带来了与众不同的灵魂。说起酒店，不论是连锁酒店还是星级酒店，从住宿到用餐似乎都复刻了同一个模板。相比洁白的床单，制式化的设计，以及单调的活动空间，具有了个性的设计师民宿逐渐突出重围。隐世叠院儿就算是其中的一个！

项目简介

名称：隐世叠院儿
项目地址：中国，北京
主持建筑师：韩文强
设计单位：建筑营设计工作室
主要设计人员：黄涛、张富华、郑宝伟
竣工时间：2018 年 2 月
建筑面积：约 530 平方米
主要材料：镜面不锈钢、印刷玻璃膜、透光砖、橡木板
摄影：CreatAR Images 骆俊才、 金伟琦

↑在原有四合院中央加入一幢新的坡顶建筑，营造出三进院子的格局

选址特色

◎ 前门西河沿街

前门箭楼的西边，有一条曾经很有名的老胡同，清末明初时它被称作北京的金融街。这是一条经历丰富的老街，它曾经光彩夺目，它就是前门西河沿老街。街内有多个老北京文化会馆，正乙祠、盐业银行旧址、交通银行旧址等历史文物建筑，其余多是老百姓的住宅。虽然名字里有“街”，但它却是一条地道的老北京胡同。

这些年经过多次改造后，西河沿街看起来焕然一新。它商铺林立，行人川流不息。虽然是一条安安静静、不起眼的街道，但西河沿街四周的知名景点却不少，步行便可轻轻松松逛前门、看升旗、吃北京烤鸭。

↓考究的细节，才是决定民宿品质的东西

↑入口左手边是一片宽敞明亮的餐饮吧台区
← 接待区的空间有些局促，但布局很温馨

↓竹林掩映下的前院，强化了光与影的叠合效应
↓餐厅，以原木色装修搭配半透明的落地玻璃窗，格调清新

↑多功能厅，轻盈活泼的风格，在透明、半透明的墙体分隔下，
让叠院儿的庭院与室内空间看似独立分割却又相互关联
↓休息区亦中亦洋的环境

→ 二进院是公共休闲区，庭院中几棵松散的竹子，营造出安闲的气氛
↘ 走廊两侧的玻璃墙，让室内外空间视线自由穿梭

↑ 一层客房，灰瓦屋顶，老树旧墙，叠嶂成趣
↗ 楼梯用扶手灯带做导引，有种潮流感

↓二层客房，高于周围房屋并拥有朝正南方向的落地大窗，让阳光倾泻而入

武义梁家山·清啸山居

乡间的『土』房子

梁家山村的建筑都依山而建，大部分建筑都是利用木结构夯土墙建造，一条小溪穿流过村落。清啸山居坐落于古树旁、小溪边，溪对岸就是梯田和环山，背靠整个村落民居和大山，是理想中的隐居之所，符合“风水学”里讲究的多种选址条件。

清啸山居新建的部分使用了原建筑的夯土、当地的毛石、竹子、老石板、回收的老木板、水磨石等本地化的、相对造价低廉的材料，并着重考虑利用好大山和小溪、梯田这些周边环境的美，给建筑以纯真、优美的内在灵魂。

民宿所有的客房打开窗，面对的都是梯田和山景，最大限度地把山景引入室内空间。望山亭也是专门为了看山而设置的喝茶休闲空间，穿插在内庭院和小溪之间。水吧被设定为一个比较扁平的空间，外立面使用竹格栅疏密装点，分上中下三段，三面的视线明暗形成横向连续的关系，类似一张古画卷轴，古树在横向的卷轴中变成了将画面垂直串起的一部分构图要素。整个民宿的设计希望将一种中国诗画的意境呈现在人们的视觉空间。

相比那些建立在城市最好区域的混凝土房子，它们对土地的破坏关系是不可逆转的。与此截然不同的是木构建筑。我们对木结构建筑的推崇旨在表明，在面临现代性危机时，我们必须躬身向传统学习。

项目简介

名称：武义梁家山·清啸山居
项目地址：浙江，金华
主持建筑师：陈林
设计单位：尌林建筑设计事务所
主要设计人员：刘东英
竣工时间：2018 年 5 月
建筑面积：320.25 平方米
主要材料：夯土、小青瓦、竹、老木板、水磨石
摄影：赵奕龙

↑云雾从山坳里飘过来

选址特色

◎ 浙江金华市武义县

武义县隶属金华市，位于浙江省中部，素有“温泉之城、萤石之乡”美誉，自然山水和人文旅游资源十分丰富。梁家山村，坐落于武义县柳城畲族镇海拔 600 多米的鹤仙山半山腰。整个村庄因借地势呈扇形，东西走向，建筑风格基本为浙南泥房，民居巧妙地散落在半山腰上，周边是大片梯田。这个曾经经济发展相对滞后的小山村，通过发展旅游走上一条蝶变之路，现已成为小有名气的“网红”村。

↑从山的对面看，清啸山居位于两个山坡之间对称中轴的地方，在村中的位置十分重要
↓清啸山居入口毗邻主路，相对容易到达

↑清啸山居的规划场地依照地形高差设计
↓夜晚入口的点点灯光

↓在凉亭可以眺望远方，喝茶休闲，目光所及是满眼郁郁葱葱的山色
↓从室内提供廊院空间向外看，可以获得扁平的取景视角

↑↓ 水吧是一个比较扁平的空间，主基调为竹木的材质和暗色的空间，古香古色

↓客房的大面积开窗，最大限度地把山景引入室内空间

Chapter 5
第五章

Exploration in Sports
体育探索

体育探索艺术民宿，是依附于“体育探索旅游”活动内容的住宿，是具有运动和旅居双重属性的新产品。运动元素的融入，为传统的民宿业注入了新的内涵。在旅游景区中举办体育赛事，开办相关运动休闲民宿，搞特色探索体验情境的植入，是近几年开始出现的新现象，也是“体育探索旅游”的一种呈现形式。

过去，景区在哪里，住宿就在哪里。现在，住宿在哪里，行程就到哪里。越来越多人的旅行都是以住宿为切入点开始的。对于一个体育探索艺术民宿的集群来说，人流量虽然可能不比周边古镇多，但所有来这个地方的人都是一个精准的客户群，他们更多是带着一种“猎奇”和“探险”的心理，来探索和尝鲜一些创新的小众项目。对于游客来说，体育探索类型的艺术民宿，有其特殊的魅力，他们能在此获得归属感。

如果是纯粹的旅游，人们去过一个民宿后，往往在一段时期内不会再去了，“体育探索旅游”可以让原本只是观光的旅游变成以运动体验为主的活动，比如在滑雪、登山、漂流等户外运动中，游客每一次的体验都会不一样，他们每年每季都可能前往同一个地方体验。因而，体育探索旅游是一种多次、重复、渐进的体验。入驻相关民宿的过程，更像是角色扮演的情景游戏。住在树屋里体验原始生活，住在山上的驿站体验探险自然的乐趣……因此，“体育探索旅游”，能对游客产生更大的黏性，以此带来可观的经济效益。例如今天的马拉松赛、摩托车赛也是一种体育旅游，火热的体育竞技比赛往往能带动举办地的体育探索艺术民宿较快发展。

民宿

引言

与一般民宿不同的是，体育探索艺术民宿意在为久居城市的人们创造远离城市的亲自然生活，更偏向于选址在一些僻静的山林，有天然氧吧的地方，或者远离市区的森林公园。我也常常想，怎么会有这样一个地方，能把艺术民宿和运动、探险活动魔幻地结合在一起呢？当来到体育探索艺术民宿，除了你之前在手机 App 上预定时的所见，还会有很多亲历现场时的“意外”。因为人情冷暖是不能预期的。当投入到某一种运动或者休闲活动的情境中，哪怕你事先已知道当地风土人情如何，体育运动或探索体验的过程怎样，你还是不能预设自己在哪一幕中会得到惊喜，有什么波折，又在谁那里可以得到一些感触。这些与参与者相关的“变量”，都是在体育探索艺术民宿中，最值得期待的内容。

本章收录的民宿案例选择了林间的树屋，或者运动营地住所，带着野味和返璞归真的宿营感。每天看云卷云舒，观远方雪山，听沙沙树声，风吹草低见兔鹿，快活似神仙啊。民宿客房天然朴拙的风格，带给人的享受是任何人工材料永远无法比拟的。

别苑
野味农舍

别苑是大别山户外露营地项目中的重要组成部分，是游客出入大别山国家级登山步道的重要门户。别苑背靠一座小山，面朝一片茶园，稍远是贯穿大别山露营地的河流，基地位于山脚下的一个小高台，是中国传统的风水宝地。

别苑建筑群由多栋建筑组成，由于场地的限制，大部分建筑呈水平展开。它未来的很多居住游乐活动将不局限于满足居住的民宿酒店，而将围绕周围的山林进行采茶、制茶、登山、养生等农事与文体活动展开，使之成为一个小型的田园综合体。

别苑，顾名思义它不是城市中的精品酒店，也不是乡间别墅，它有一种野味，也可以说是农舍感。住在别苑，追求一种精神上的放松和偶遇。建筑主要采用红砖砌筑，室内也不另做装修，直接暴露材料，形成一种可控的粗野感。地面的水磨石，暴露出来的结构构件，进一步强化了这种感觉。设计以此来传达一种建筑的乡野气质，一种不同于城市的别样生活。

项目简介

名称：别苑
项目地址：河南，信阳
主持建筑师：何崴
设计单位：三文建筑 / 何崴工作室
主要设计人员：陈龙、李强、赵卓然、宋珂、汪令哲（实习）、黄士林（实习）
竣工时间：2017 年 9 月
建筑面积：920 平方米
摄影：金伟琦、周梦

↑别苑的冬季，在白雪覆盖的山坳里

选址特色

◎ 河南信阳新县大别山露营公园

河南信阳新县大别山露营公园位于大别山腹地，全年优良天气 310 余天的革命老区新县。它成立于 2016 年，是一家以自驾游房车露营地、研学旅行、康养为主的国家 AAAA 景区，也是全国首批、河南省首家标准示范营地。

整个营地是以体育体验和研学教育作为重点，在 970 亩的空间内建设了青少年研学教育培训中心、多功能体育场、民俗文化园、别院民宿群等，是中小学生进行户外体育活动的理想之地。

↓别苑的大部分建筑沿地势水平展开

↓建筑在平面上的错动，使别苑茶室的外廊向外跳出，让建筑给人轻松随性的感觉

↑穿过砖砌的圆形月亮门，来到茶室入口，预示着空间内容的转化
↓多功能厅，是别苑里的学习课堂

↑茶室中不同特性的独立空间，窗户的取景、框景让室内外进行对话
↓入夜，客房的灯光倒影在水面上，别苑是热闹的

↓ 咖啡厅室内，阳光透过砖缝在地面投射下有韵律的图案，

→ 营地气质的客房墙面屋顶和地面裸露着结构的粗犷，室内陈设，简单而不简陋

树蛙A
三角树屋

树蛙部落不仅是民宿产品，更是站在乡村建设、城乡关系以及未来生态的角度设计的建筑形式。在旧建筑改造以及混凝土建筑占据乡村建设主流的当时，树蛙部落是第一批使用木建筑、生态可持续材料的、用装配式建筑的模式去设计产品的创新型艺术民宿实践。

树蛙A总高约11米，大致与一棵成年毛竹等高，树屋分为上下两部分，下部为钢结构承托柱，上部为木结构主体。设计师根据山体斜坡的角度确定了4.5米的地板层高度，实现了漂浮感，而且因为钢柱收拢为几个点落在土地上，也获得了较为自由的地面活动空间。最终的树屋主体以两个等腰三角形T形交叉后形成居住空间。这一T形空间的四个端点均被设计为玻璃立面，可以最大限度地纳入周围的美景。

项目简介

名称：树蛙A
项目地址：浙江，余姚
主持建筑师：宋小超、王克明
设计单位：MONOARCHI度向建筑
主要设计人员：孙凡
竣工时间：2018年4月
建筑面积：1930平方米
主要材料：SPF、红雪松木瓦、橡木、菠萝格、水磨石、双层中空玻璃
摄影：陈颢、宋肖澹

↑ 树屋旅游村落，是完全不同于一般建筑的“自然生态村”

选址特色

◎ 浙江余姚中村

余姚市位于浙江省宁绍平原，地处长江三角洲南翼，自古人杰地灵，是姚江学派的发祥地，也是虞世南、王守仁、黄宗羲等人的故乡。余姚文化属吴越文化，余姚河姆渡遗址记录了中国晚期新石器时代的文化特征，是国家级文物保护单位。

中村是位于余姚鹿亭乡里的一个美如山水画卷的千年古村，“人少景仙”。一年四季，它总有办法吸引你的目光。中村的村落布似棋盘，五横九纵，石墙黛瓦，绵延千年。源远流长的历史，晓鹿大溪穿村而过，古桥戏台遥相辉映，一幅浙东乡土古村落的风貌。小桥流水有人家，藏在深山人不知。走近中村，迎面是层层叠叠的苍翠青山，近看是清澈见底的溪水，有水有桥，有动有静。据说中村正好是四地（距离鄞州、奉化、余姚、上虞各 45 千米）、三镇（距鄞江、梁弄、陆埠三镇各 20 千米）之中心，并因此而得名。

↑枕着溪流声入眠，成群的“三角树屋”藏身于山林之间

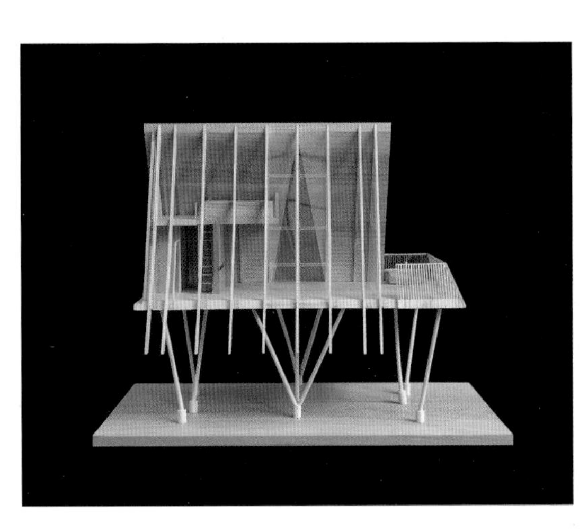

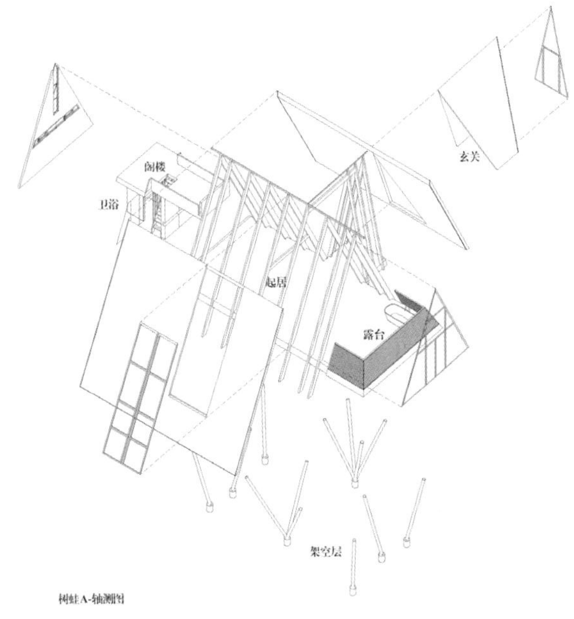

树蛙A-轴测图

↑ 不同高度错落布置的树屋使每户都有绝美的景色
↑ 晨雾之中的树屋
↑ 背靠树林远眺群山，树蛙部落是自然里生长出来的野味民宿

↑↓ 树屋群体采用环保可持续的竹木材料，适应全球“碳中和”先进理念

↖ 树屋室内的原生态风格：采用原木装修，原木家居以及手工粗陶餐具，可以安静地体验山林的静谧
← 沐浴时，巨型全景天窗，一直覆盖到三角屋顶的顶端，大大的落地窗正对树林景观

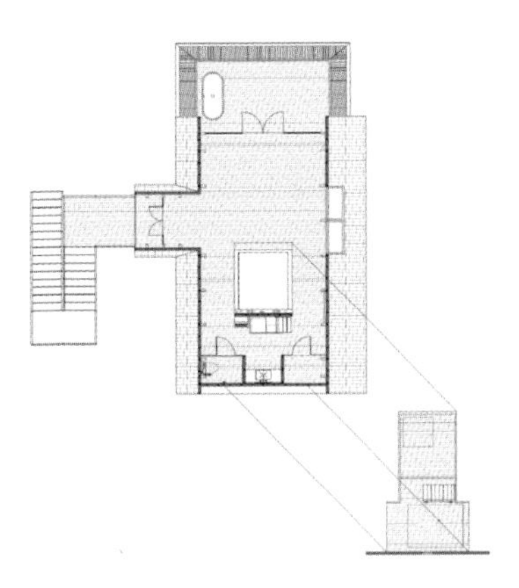

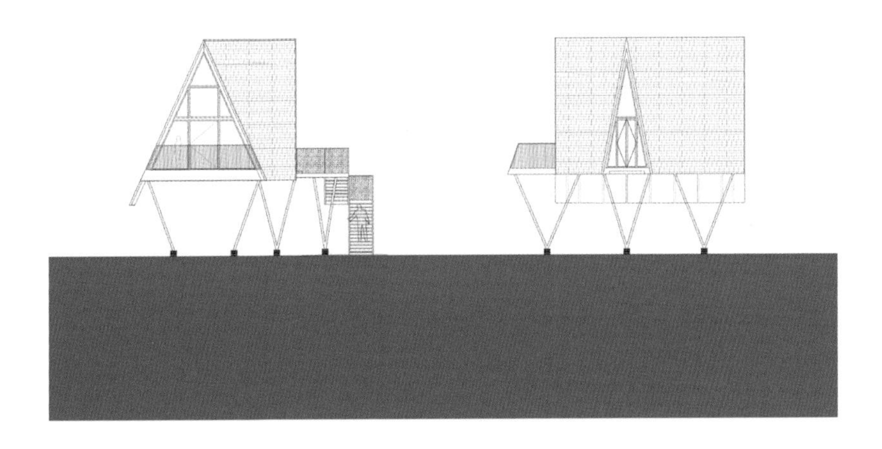

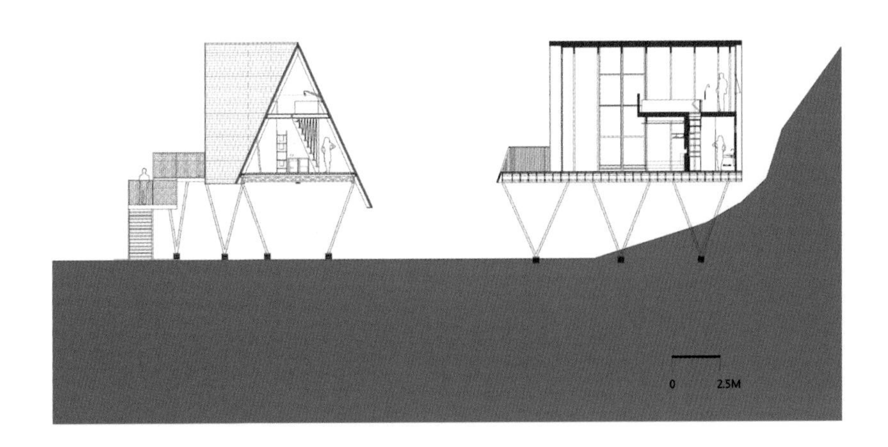
0
2.5M

树蛙O

圆顶『鸟巢』

在中村建造的树蛙部落像是森林里的童话世界，它们色彩斑斓、造型奇葩，似乎原本就生长在山脚与河畔，是孩子们最喜爱的、探险自然的乐园。一进部落，便会发现自然的原生之美！树蛙部落的每栋房间都是顺着大树的纹理而建造，竹子、银杏、樟树是树屋天然的依靠，让房子本身就成为一个树林里的有机生命体。

树蛙O的外形像个顶着草帽的“鸟巢”，作为休闲度假的目的地，隐匿在竹林与古树之间。树屋总高约8米，下部为钢结构承托柱，上部为木结构主体。每一块木头的形状都独一无二，木屋分别为三个非同心圆构成：悬挑在溪边的露台，两层的客房部分，以及起伏的屋顶与顶层露台。平面形态则是一个简单的螺旋线，外墙环绕一圈融入室内，将盥洗室与步入夹层的楼梯从起居空间中剥离出来。

每扇窗户都有一份特殊的室外景观，但最美妙的还是爬到屋顶之巅享受山涧的自然气息。57根渐变的巨大屋架，支撑起了屋顶与墙体，看似柔软的屋顶勾勒出飘逸的天际线，更奇妙的是利用变化的屋檐将窗外的大自然由窗框引入房内。凭栏临窗，顺着孩子们的视线看去，树林里还会有许多引人入胜的野外探索——去清透的溪涧，摸鱼抓虾打水仗；去森林的深处，认识瑰丽神秘的植物昆虫；傍晚时分，还能去探寻树蛙的踪迹。

人与自然密不可分的天性，被我们在树蛙O民宿的假期生活中绽放出来。愿那些散落在山海之间的点滴回忆，会永恒地闪烁在孩子们的生命里。

项目简介

名称： 树蛙O
项目地址： 浙江，余姚
主持建筑师： 宋小超、王克明
设计单位： MONOARCHI 度向建筑
主要设计人员： 孙凡
竣工时间： 2018年4月
建筑面积： 80平方米
主要材料： SPF、OSB、樟子松、橡木、菠萝格、水磨石、双层中空玻璃
摄影： 陈颢、宋肖澹

选址特色

◎ 浙江余姚中村

余姚市位于浙江省宁绍平原，地处长江三角洲南翼，自古人杰地灵，是姚江学派的发祥地，也是虞世南、王守仁、黄宗羲等人的故乡。余姚文化属吴越文化，余姚河姆渡遗址记录了中国晚期新石器时代的文化特征，是国家级文物保护单位。

中村是位于余姚鹿亭乡里的一个美如山水画卷的千年古村，“人少景仙”。一年四季，它总有办法吸引你的目光。中村的村落布似棋盘，五横九纵，石墙黛瓦，绵延千年。源远流长的历史，晓鹿大溪穿村而过，古桥戏台遥相辉映，一幅浙东乡土古村落的风貌。小桥流水有人家，藏在深山人不知。走近中村，迎面是层层叠叠的苍翠青山，近看是清澈见底的溪水，有水有桥，有动有静。据说中村正好是四地（距离鄞州、奉化、余姚、上虞各 45 千米）、三镇（距鄞江、梁弄、陆埠三镇各 20 千米）之中心，并因此而得名。

← 三个非同心圆构成了树蛙O，这个秘密只有“上天”才会知道
↓ 树屋在上，小溪在下
↓ 屋顶“草帽”扬起的地方就是入口啦

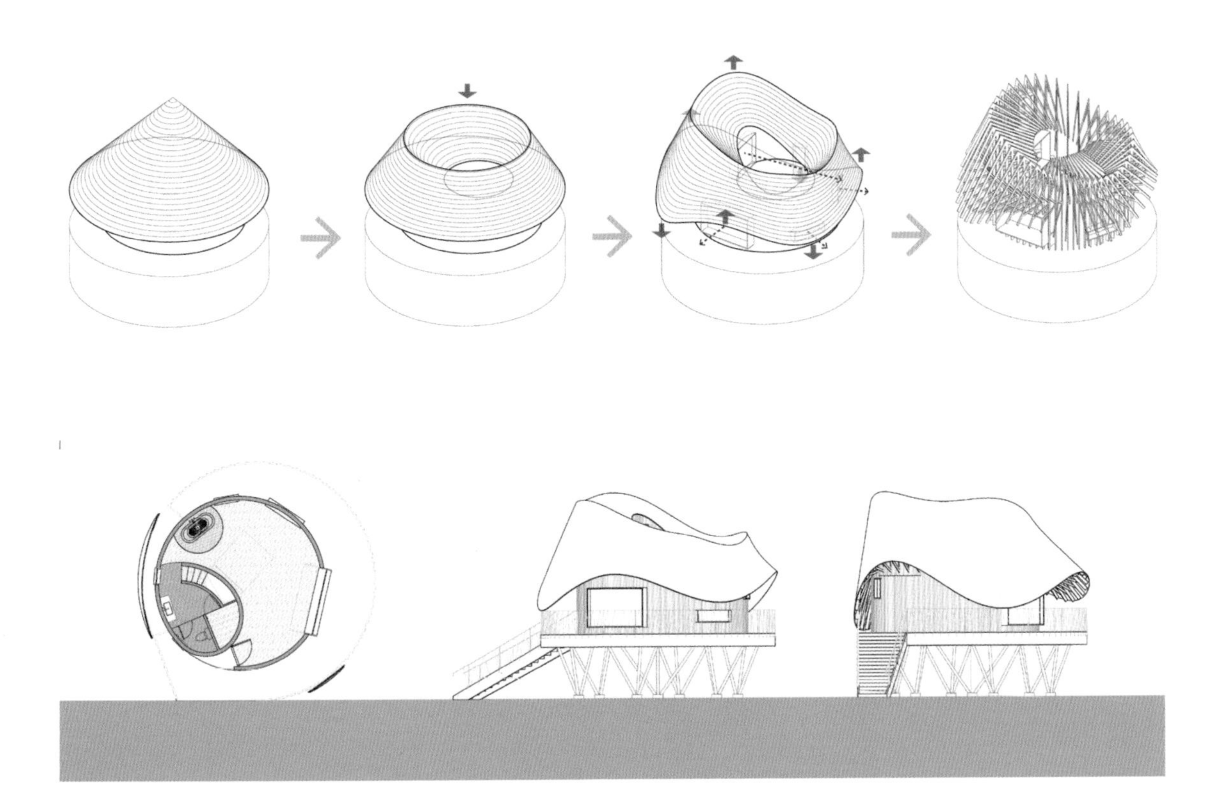

← 屋顶平台是夜晚观星的好去处
← 屋顶木瓦的手工铺排呈现出美丽的自然肌理
↓ 树蛙 O 的外形轮廓，因观景角度的变化呈现出迷人的曲线

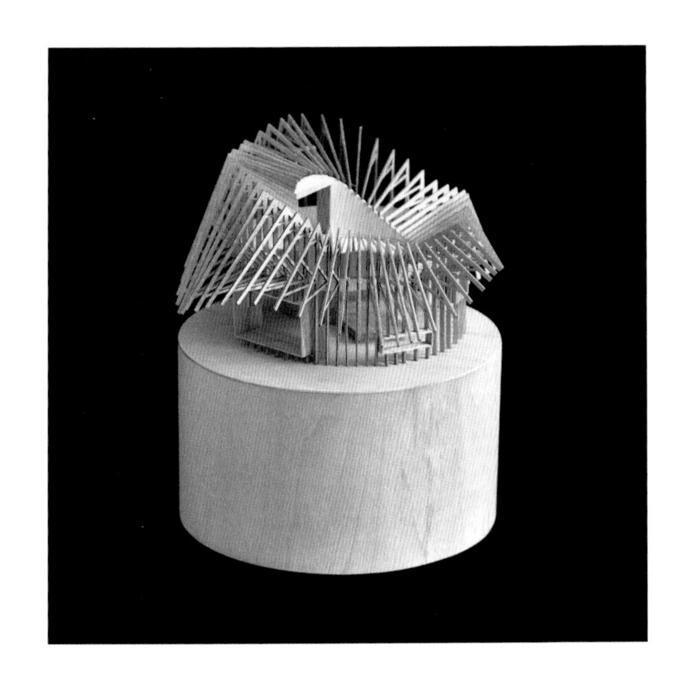

↑ 回廊与屋架承托结构的细节，有生态韵律的节奏感

↑露台取景窗正对着百年老银杏
↓窗框与屋面一起，界定了你能看到的外面的世界

后记

我们需要疗愈

非常感谢您能阅读这本书。

三年以前，辽宁科学技术出版社的杜丙旭先生手拿一本日本都筑响一的畅销书《东京风格》找到我，问道："能不能一起，做一本纪实性的书，用建筑的图片和故事，描述一种最真实的中国生活场景？"

这是个好主意！直到 2021 年，当我读到窦婷姗写的关于中国民宿经济发展的多角度分析文章时，我决定与她合作写书。中国当代民宿，可以让人们真正理解中国人的生活和审美方式发生的激变，结合那些宏观数据中不断向好的趋势，每个个性化的民宿空间，都是当下"化解焦虑""温暖心田"的人生治愈之所。

在写这本书的过程中，正值全球性的新冠疫情肆虐，国际旅行基本不可能。我们一起整理当下中国的民宿资料，并在夏季去南方体验了几所网红民宿。婷姗的民宿经济学论文还得到了英国 Roberta Key 教授的帮助，对比英国民宿的家庭"借宿式"风格，中国人更喜欢的是那些民宿的特色服务和酒店般周到的照护。这可能正是中国民宿主人们骨子里面热情好客的本色和推崇"宾至如归"的理念。

我们写书的这两年世界并不太平。本想把这本书献给北京冬奥会期间来中国的旅行者们，为他们提供点滴的帮助，却不想全世界经历了 2 年的疫情，因疫情死亡的人数已大幅超过第一次世界大战的一半，然而病毒仍然不断在变异和感染更多的人。同时，能源危机下的全球环境恶化，森林火灾、洪灾频生，火山爆发，2021年夏天北极圈创极热纪录，等等。世界经济可能会越来越不景气，很多人逐渐失去了物质生活上的余裕。在这种情形之下，找寻身边的民宿做个短暂的空间置换，抑或只是翻开这本书，疗愈你生活中的不易和紧张，说不定反而是未来极有发展的一种旅行体验。

赵敏于北京

2021 年 8 月 9 日

参考文献

[1] 吴焕加 . 建筑十问 [M]. 北京：机械工业出版社，2019

[2] 文化和旅游部 . 旅游民宿基本要求与评价：（LB/T 065—2019）[S]. 北京：中国标准出版社，2019

[3] 张克群 . 探秘老北京 [M]. 北京：机械工业出版社，2020

[4] 那仲良，王行富，任羽楠 . 图说中国民居 [M]. 北京：生活·读书·新知三联书店，2018

[5] 毛葛 . 绘造传统民居 [M]. 北京：清华大学出版社，2019